후기구조주의와 건축이론

글 임기택

주요 철학자 소개

PART I 후기구조주의 사유와 쟁점

PART II 후기구조주의 담론과 연계된 건축경향

PARTⅢ 시사점과 건축적용가능성

모더니티 속성과 상호작용을 통해 진행되어 왔던 이성의 시기의 사유와 사회의 발전에는 심각한 모순과 폐해들이 존재했다. 인류는 거스를 수 없는 거대한 흐름이었던 모더니티의 특성과 모더니즘의 발전을 성취했지만 그만큼 어두움과 폐해를 경험했다. 이후 현상학과 구조주의, 포스트모더니즘의 사유는 모두가 그러한 모더니즘과 관련된 사유의 폐해를 극복하기 위한 직간접적인 투쟁과 대안의 사유였다.

사회적인 관점에서 보았을 때, 다원적 차이를 존중하는 포스트모던 사유의 한 갈래로 후기구조주의 사유는 권위주의적인 정치 및 사회구조를 극복하고 소외되거나 무시되어왔던 대중의 니즈를 만족시킬 수 있는 새로운 사회질서를 만들어 나가고자 하는 열망이 투사된 정신계의 흐름이었다. 경제적인 측면에서 그것은 다양성을 중심으로 한 흐름에 빠르게 대처할 수 있는 유연한(일정부분 탈주적인 흐름) 조직구조(경계해체)와 노동구조로 재구조화되면서 효율성과 외부변수에 대처할 수 있는 능력을 발전시키는 과정이다. 그것은 자본의 집적을 빠르게 하기 위해 자본의 회전과 순환이 용이한 유망한 지역에 일거에 자본이 집중되는 현상을 상징하며, 빠른 시간에 외형을 갖추고 자본의 집적 임무가 수행되면 빠르게 다른 투자처로 자본을 이동시키고자 하는 공통의 플랫폼과 질서를 구축하고자 하는 신자유주의적 행태를 의미하기도 한다. 이에 따른 폐해에 대하여 새로운 관점의 사유와 질서체계의 필요성이 대두되고 있고 새로운 세기의 새로운 사유와 움직임도 생성되고 있다.

근대의 주체개념이 정립되면서 더불어 발전한 모더니즘의 그랜드 내러티브(거대 서사구조grand narrative)는 거역할 수 없는 인류의 거대하고 도도한 흐름을 만들어냈다. 4권에서 논의한 '다원적 차이'이냐, '모더니티의 점진적 변화의 한 과정'이냐의 논의는 별도로 하더라도 좀 더 안정적이면서 바람직하고 인문적으로 풍부한 세상은 명쾌하게 이해가능하고 안정적인 외적 구조 속에서 다양한 목소리가 반영되고 창조적 생성이 발현되어 새롭게 구조화 되는 사회일 것이다. 좌파와 우파의 의견과 주장이 적절하게 조화를 이루고 타협을 이루어 발전해나가는 사회, 서로의 존재를 이해하고 인정하는 사회가 좀 더 안정적이고 바람직할 것이다. 또한 후기구조주의는 이러한 조화를 위해 이면의 억압되고 주변화 되었던 것들과 기존의 주도적 구조와 화해할 수 있는 방안을 사유한 것으로 볼 수 있다. 또한 공고한 구조를 깨고 나오는 좌파적 속성을 사유하기도 한다.

건축과 디자인 분야에 있어서도 마찬가지이다. 이성의 논리적 구조로는 사유하고 말하고 표현하기 힘든 영역을 공론의 장으로 더 많이 끌어들이고 이론화하여 논리적인 것과 직관적인 영역을 조화시키거나 새로운 차원으로 발전시킬 수 있는 방안을 사유해야 하는 이유가 여기에 존재한다. 형태와 관련된 건축, 도시분야에 있어서도 포멀formal과 인포멀informal 요소의 조화가 중요하다. 다양한 인문적 요소들과 물리적 계획요소가 적절하게 조화되면서 동시에 이러한 논의와 담론이 활발하게 펼쳐질 수 있는 학문적 인프라와 토대(연구기관)가 잘 갖추어져 있는 도시가 좋은 도시와 건축물 및 공간구조의 결과물을 향유하고 있는 것은 우연이 아니다. 우리가 사유하고 행동하는데 핵심이 되는 철학적 사유와 흐름을 공부하고자 하는 것도 모두가 이러한 잠재적 목적의식의 발로라고 할 수 있다. 1권에서 8권까지의 시리즈가 근, 현대의 사유의 흐름에 대해 같이 생각해볼 수 있는 시간이 되고 조금이라도 도움이 되었으면 하는 바램이다.

2015년 12월

부산 대연 연구실에서 임기택

주요 철학자 소개

질 들뢰즈 Gilles Deleuze, 1925–1995

프랑스 철학자. 파리 8대학 교수. 7권 주제의 중심적인 담론을 형성한 철학자이다. 1960년대 이후 계속해서 철학, 문학, 영화, 예술 분야에 지대한 영향력을 끼친 저작들을 선보였다. 초기의 주요저작은 정신과 의사이자 프랑스 공산당원이었던 펠릭스 가타리Félix Guattari와 함께 쓴『자본주의와 정신분열: 앙티-오이디푸스』와『천 개의 고원』이다. 이 저서는 사회주의에 기초하고 프로이트, 라캉 등의 사상을 받아들여 정신의학의 틀 내에서 마르크스주의를 연구했다. 1968년에는 주요 저서『차이와 반복』, 1969년에는『의미의 논리』를 집필했다. 미셸 푸코는 "아마도 어느 날, 이 세기는 들뢰즈의 시대라고 불릴 것이다"라고 선언하기도 했다. 1995년 급작스런 투신자살로 지성계를 충격에 빠뜨렸다. 스피노자, 니체 등 서구의 전통 철학에서 이탈해 있는 사상가들의 사유를 받아들여 자신의 시각으로 재해석했다. 정통이 아닌 이단, 다수가 아닌 소수, 동일자가 아닌 타자의 철학을 전개했다.

고정불변의 영원한 것을 사유했던 전통적인 관념론과는 달리 변화와 생성, 운동에 대해서 사유했던 '생生 철학'의 계보의 흐름을 폭넓게 수용하여 다원적 세계, 후기 자본주의 사회, 차이와 생성의 철학적 사유의 대표주자가 되었다. '생성'을 주제로 하고 있기 때문에 조형, 영화 및 예술분야에 많은 영향을 주었으며 건축분야의 패러미터 건축 및 노마디즘적인 표현의 정신적 근원이 되며 활발하게 담론화되고 있다.

1. 질 들뢰즈 초상

알랭 바디우 Alain Badiou, 1937–현재

모로코 라바트 태생 프랑스의 철학자. 교수. 현대 프랑스 철학의 주류를 이루고 있는 반플라톤주의에 대응하는 신플라톤주의의 수호자라는 평가를 받고 있다. 사회참여에 적극적이었던 장 폴 사르트르를 추종한 영향으로 1958년에 프랑스와 알제리의 전쟁을 반대한 연합사회당 설립에 주도적으로 참여했다. 철학과 정치를 중시했으며 1967년에 파리고등사범학교에서 재직하던 루이 알튀세르와 교류하였으나 68혁명 이후 정치적으로 구조주의적인 성향의 마르크스주의자였던 급진적, 정치적 성향으로 인해 혁명에 미온적이었던 알튀세르와 결별하고 전투적인 마오주의를 그의 정치적 철학 사상으로 받아들였다. 그러나 이에 완전히 교조화되지 않고 치열하게 고민하여 저서『존재와 사건』(1988)을 저술했으며 헤겔과 라캉에 대한 독창적 해석을 내놓았다. 그의 철학은 존재론에서 시작하여 진리의 관점에서 주체의 새로운 개념을 제시하고 정치에 개입하는 학문적 입장을 보인다. 철학적으로 바디우는 프랑스 주류 철학에서 벗어나 있다. 이는 그의 선배 교수였던 들뢰즈와 사상적인 대립각을 세웠다. 그의 업적은 주로 주체에 대한 이론이며 라캉의 영향을 받은 것으로 평가받는다.

만델브로Benoît Mandelbrot , 1925–1995

1924년 폴란드 바르샤바 출생. 프랑스에서 성장. 제2차 세계대전시 농장노동자 근무. 30년간 IBM의 연구원으로 재직하면서 프랙탈 개념을 창안했다. 1967년 발표한 영국 해안선 측정 논문에서 기하학적으로 측정이 불가능한 자연현상을 수식화하는 방안을 제안했다. 이후1975년 프랙탈이라는 개념으로 정립되었다.

2. 알랭 바디우 초상
3. 만델브로 초상

프랙탈은 'fracture(파열)'와 'fraction(파편)'을 합성한 단어로, 불규칙하게 반복되는 것처럼 보이는 자연현상을 간단한 패턴으로 설명할 수 있다는 이론이다. 예를 들어 나뭇가지가 뻗어나가는 방법, 산이 형성되는 모양, 구름이 확산되는 형태를 수학적으로 설명하는 데 성공한 것이 프랙탈 기하학이다. 프랙탈 개념을 물리학과 생물학, 금융 등 다양한 영역에 적용되며 분석하고 있다. 예를 들어, 곡물 가격 변동이나 포유류의 뇌 성장 등을 분석하는데 활용하고 있다.

일리야 프리고진 Ilya Prigogine, 1917-2003

모스크바 태생. 벨기에 물리학자·화학자. 복잡계 이론을 주창한 화학자이자 사상가. 브뤼셀 대학 교수. 물리학·화학 연구 소장(1959~) 및 텍사스대 통계열역학센터 소장(1967~)을 겸임. 앙리 베르그송의 사상을 비롯한 철학, 고고학, 문학에 깊이 심취하여 연구에 영향을 주었다. 1950년대초 프리고진의 브뤼셀 학파에 의해 비평형열역학이 체계화되었다. 60년대 이후 비평형계에서의 자기질서自己秩序, 즉 산일구조散逸構造를 연구하여 77년 노벨 화학상을 수상했다. 완벽한 수학적 이론을 근거로 자연을 이해하는 '복잡성의 과학'을 정립했다. 카오스이론을 통합, 확률론적인 입장에서 자연법칙을 이해하는 패러다임 제시. 자연에서 열역학적인 '있음being'의 상태가 예외적 경우이고, 오히려 비평형의 '됨becoming'의 상태가 더욱 일반적임을 인식하고 비가역적, 비선형적 변화를 설명하는 새로운 과학흐름을 제시했다. 생성된 새로운 구조를 '무산구조' 혹은 '산일구조dissipative structure'이며 '자생적 조직화self-organization'라고 했다. 진화론적인 접근방식으로 자연과학의 개념을 재정립하고 카오스이론을 통해 작은 변화가 예측할 수 없는 엄청난 결과를 낳는 것처럼 안정적으로 보이면서도 안정적이지 않고, 안정적이지 않은 것처럼 보이면서도 안정적인 현상을 설명한다. 또한 겉으로 보기

4. 일리야 프리고진의 초상

에는 한없이 무질서하고 불규칙해 보이면서도, 이면에는 나름대로 어떤 질서와 규칙성을 가지고 있는 현상을 설명하려는 이론이다. 8권의 세실 발몽과 소우 후지모토의 건축작업에 많은 영향을 끼친 철학 과학자이다.

세실 발몽 Cecil Balmond, 1943-

스리랑카 태생 영국 구조기술자. 디자이너. 공학자. 예술가. 건축가. 저술가. 세계적 구조설계사무소 오브 아럽Ove Arup & Partners의 공동대표. 2003년 RIBA 실무분야의 이론상을 수상. 숫자, 음악, 과학, 비선형적 구조를 연구하여 형태생성에 있어서 디자인과 구조공학을 분리시키는 경계벽을 무너뜨렸다는 평가를 받고 있다. 세계적 건축가들과의 협업가운데 평면을 유연하게 디자인이 가능하도록 창조적 구조를 제안함으로써 입지가 계속해서 강화되었다. 현재 유펜에서 교수생활을 병행하면서 교내 '비선형 시스템 조직'을 설립하였고 이 조직의 수석 디자이너 역할을 수행하고 있다. 그는 복잡성, 비선형 조직, 그리고 창발 이론으로 도출된 구조에 집중하여 연구하며 수학적 개념과 자연 형태와 구조에 대한 영향에 관심을 두고 있다. 개념적 엄밀함으로서의 구조가 건축이라는 생각을 가지고 계속적으로 구체화시키고 있다. 그는 또한 패턴, 음악, 알고리즘, 분자구조의 기원과 질서를 도출하여 개념화시키고 구조적, 건축구축적architectonic 영감을 구조에 반영하는 작업을 선도적으로 수행하고 있다.

5. 세실 발몽의 초상

여덟 번째 주제
후기구조주의와 건축의 생성 및 질서

앞서 7권에서 살펴보았던 생성의 철학으로 대표되는 들뢰즈의 철학은 후기구조주의적인 사유에서 중요한 부분을 차지하고 있다. 후기구조주의 사유의 갈래로 간주되는 해체주의 및 들뢰즈의 철학과 생성의 철학과 이후 등장하는 사유들은 학자들에 따라서는 거대 담론인 모더니즘 이후의 대립적인 혹은 대안적인 사유들을 대략적으로 통칭하는 '포스트모더니즘'이라는 큰 틀 속에 포함된 것으로 간주하고 있다. 후기구조주의 사유는 근본적인 구조가 중심이 되는 가운데(구조주의) 그것만으로는 사유하거나 말하기가 힘든 주변과 차이를 중심으로 사유하고 있다는 점에서 기존의 사유를 보완하며 진보했다고 말할 수 있다.

디자인과 관련된 직군의 사람들은 '생성의 철학' 자체도 조형적인 면에만 치우쳐 가져다 쓰려는 경향이 강하다. 들뢰즈의 사유가 조형이나 예술분야에 많은 영감을 주어 역동적인 흐름을 만들어낸 것은 부인할 수 없는 사실이다. 그러나 그의 철학은 단순히 조형적인 면에만 국한되어 사유하는 것이 아니라 그것을 만들어 내는 근본적인 추동원인을 사유하는 총체적인 철학적 세계관이다. 철학은 본래 '세계를 어떻게 바라보는가'와 '자신을 둘러싼 세계를 이해하는 방식'을 사유하는 존재론이 중요한 사유의 범주이다. 따라서 다양한 분야 중 하나인 조형분야에 국한해서 들뢰즈를 이해하고자 하면 자칫 편협해질 가능성이 있다. 실제로 들뢰즈의 사유를 디자인 분야에 단편적으로 적용한 것을 확대 해석하면서 그동안 많은 오해가 양산되었다. 이와 관련하여 건축, 도시분야에서는 글로벌화되면서 동시에 글로컬화되는 다양한 흐름과 함께 표현면에서 벌어지는 양태가 어떻게 맞물려 변화하고 영향을 받았는지에 대해서 살펴볼 필요가 있다. 미시적인 측면의 건축적 표현양태에서는 다이어그램적 구성과 표현이 즉물적으로 나타나게 되는 건축적 표현경향에 주목할 필요가 있다.

3권에서 살펴본 바와 같이, 구조주의에서 시작된 논의는 '연속連續'과 '탈脫'의 개념이 동시에 존재하는 특성에 대해서 인식하는 것이 중요하다. 또한 여전히 담론화되고 있는 '후기구조주의'와 오늘날의 세계를 '포스트모던'으로 통칭하고 있는 담론과 어떠한 상관관계가 있는지에 대해 명확하게 인식하는 것 역시 매우 중요하다. '연속'과 '탈'의 논쟁, '모더니즘'과 '포스트모더니즘'의 논쟁(하버마스와 료타르)과 같이 '구조주의'와 '후기구조주의'의 개념 역시 혼란스러울 수 있다. 후기구조주의자로 분류되는 들뢰즈가 분석하는 구조주의의에 대한 개념(실제로는 후기구조주의 개념)은 오늘날의 후기구조주의의 특성을 명쾌하게 이해하는데 유용하다. 무형의 사유는 눈앞의 무언가로 나타나는 물질화가 진행되면서 형태와 공간으로 현시된다. 후기구조주의가 사유하는 부분의 특성은 전통적인 이상적 형태와 정적인 공간으로 대표되는 것이 아니라, 운동 형태, 급변을 통한 움직임의 형태와 관련된 담론들이다. 생기론으로 대표되는 철학의 계보 중 7권에서 살펴본 들뢰즈의 사유는 오늘날 고정불변의 불확정적 흐름과 직접적인 관계가 있다. 후기구조주의적 형태는 무질서한 듯 보이는 다양한 형태와 공간속에서도 그 공간을 점유하고 있는 요소들간의 내재적 질서에 의해서 안정화되는 법칙이 존재하는 것을 사유한다. 이것은 급변론, 프랙탈, 카오스 및 복잡계 이론 등으로 설명이 가능하다. 또한 이것은 앞서 살펴본 들뢰즈의 운동과 생성의 사유와 연계된다.

그러나 밀레니엄 이후 오늘날 형태에 대한 사유와 흐름은 세기말적 현상을 극복하고 다양한 움직임을 껴안으며 안정화되고 나름의 질서를 만들어나가는 담론으로 구체화되고 있다. 밀레니엄 이후 현시대는 무조건적인 탈주와 흐름, 욕망의 현시를 위한 움직임에서 더 나아가 다양성을 기반으로 하여 주변부의 요소들을 최대한 포함시키면서 구조의 빈자리를 채우거나 새로운 구조를 형성하여 안정화될 수 있는 '질서'를 요구하고 있는 시대로 생각해볼 수 있다.

8권에서는 후기구조주의와 관련된 담론과 관련된 건축경향으로는 앞서 언급한 후기구조주의 조형이론, 특히 급변론, 프랙탈, 카오스, 복잡계의 이론과 위상기학적 형태로 대변되는 형태들을 주로 사유한다. 특히, 구조적인 작업을 통해 그가 제시하는 요소이론과 비형식적 패턴화의 과정을 함께 사유할 것이다. 이를 통해 무질서한 듯 보이는 자유로운 형태가 사실은 그 안에 질서와 형태생성의 논리가 다층적으로 중첩되어 있으며 그것이 거시적인 관점에서 보았을 때 하나의 거대한 질서로 구성되며 순환하는 논리가 내재하는 상황에 대해 살펴볼 것이다.
7권에서 살펴본 바와 같이 다이어그램을 이용하여 사고하고 표현하는 것은 건축의 특성상 고대로부터 존재해왔기 때문에 건축분야에서 다이어그램이 쓰인다는 것 자체는 새로울 것이 없다. 그러나 최근에는 다이어그램이 매개체가 되어 도구적으로 사용됨으로써 사유와 욕망이 직접적으로 현시되도록 사용되고 있다. 동시에 그것은 욕망의 흐름과 관련된 잠재태가 현실태로 드러나도록 도와주는 효과적인 도구로 사용되고 있다. 또한 관계와 역할자의 측면으로 생각했을 때 기존의 역할에서 다양한 기능과 복합적인 기능들이 첨가되어 '기계'화 되는 현상이 있다. 이 과정에서 기존의 역할자의 관계로부터 나온 산물과는 전혀 다른 결과물을 만들어 내는 '분기'의 양상을 보인다. 이것은 의도와 욕망의 흐름이 접속되면서 관계를 만들어낸 것이지만 반대로 한번 만들어진 위계와 관계 자체는 향후의 움직임에 있어서도 계속해서 그러한 힘과 방향성이 있다는 점도 고려해 볼 필요가 있다.

구조 이면의 욕동이 발현되는 것과 관련하여 후기구조주의의 생기론은 밀접하게 관계된다. 그것은 이면으로부터 욕동이 구조를 뚫고 혹은 스며나오는 것을 더욱 용이하게 하며 불안정하고 불완전한 것을 완전하게 안정화시키는 것에 관심을 두고 있다. 또한 억압되거나 주변화된 것을 드러날 수 있게 하기 위해서 지속적으로 주변부의 것을 포함시켜 욕망의 흐름과 변화를 일으키며 만들어 나가는 것은 카오스속의 프랙탈적인 운동 및 생기론과 연계되는 부분이다. 생기론은 후기구조주의의 주요한 담론이 되었으며 형태를 만들어나가는 주요한 화두로 연구되고 논의되며 실제 조형부문에도 많은 영향을 끼쳐왔다.

한편, 들뢰즈 사유의 담론에 이어 같은 대학의 후배 교수이자 라이벌 관계였던 알랭 바디우와의 사유는 새로운 시대의 모럴과 질서를 수립하고자 하는 사유의 시도로서 들뢰즈의 사유와 많은 부분에서 날카롭게 대립하고 있다. 정신계에서 들뢰즈 이후 같은 대학에서 그의 사유에 계속해서 대립각을 세우며 논쟁을 벌였던 바디우의 사유는 계속해서 서구 정신계에서 부각되어 왔으며 들뢰즈 이후의 오늘날의 사유의 흐름을 이끌어오고 있다. 새로운 방향의 구조를 이야기 하고 있는 알랭 바디우의 사유를 들여다보는 것은 매우 흥미로운 일이며 현대성을 사유하는데 의미가 있다. 이는 다양성과 차이의 시대를 넘어서는 사유의 틀로 재정립되는 시기에 있는 현재의 사유의 흐름을 경험하고 새로운 건축으로 적용하여 사유하고 건축적으로 풀어나가기 위한 좋은 사례가 될 수 있다고 볼 수 있다. 그들의 논쟁과 사유의 차이에서 보여지는 쟁점과 운동과 변화속의 질서를 살펴보면 오늘날의 사유와 흐름이 점차 다양성을 포함하는 '질서의 방향'으로 나아가고 있음을 확인할 수 있다. 위의 내용에 따른 건축적 화두를 살펴보면 다음과 같다.

- 구조주의, 포스트모더니즘, 후기구조주의의 개념과 차이점은 무엇인가?
- 들뢰즈가 바라보는 후기구조주의의 개념은 무엇인가?

- 동시대 형태생성담론의 철학적 배경은 무엇인가?
- 후기구조주의 조형이론과 건축적 양태 변화의 철학적 배경은 무엇인가?
- 급변, 프랙탈 및 복잡계 이론과 건축적 표현방법은 어떻게 관련이 되는가?
- 형태의 수학적 모델-위상기하학의 도입과 표현양상은 어떻게 관련되는가?
- 세실 발몽의 요소이론 및 비형식적 패턴화는 후기구조주의와 어떤 관련성이 있는가?
- 들뢰즈의 사유와 후기자본주의 사회 및 도시양상과 어떤 관계가 있는가?
- 들뢰즈와 바디우 사유의 충돌지점과 쟁점은 무엇인가?
- 밀레니엄 이후 새로운 질서의 담론과 바디우 사유는 어떤 관련성이 있는가?
- 바디우의 정치적 견해와 어울리는 현대건축의 양상은 어떤 것일까?

등을 구체적으로 사유해보도록 할 것이다.

후기구조주의

PART 1

사유와 쟁점

후기구조주의의 특성과 욕동의 흐름

8001 구조주의, 포스트모더니즘, 후기구조주의의 특성 및 차이점

오늘날, '탈근대', '포스트모더니즘', '후기 구조주의', '탈구조주의'라는 용어들은 광범위한 분야에서 서로 접목되며 혼재된 가운데 사용되면서 다양한 담론들을 생산하고 있다. 다원화되어 가는 시대, 불안정성과 불확정성을 이야기하는 담론들은 이들 담론과 연계되어 사유되어 왔다.

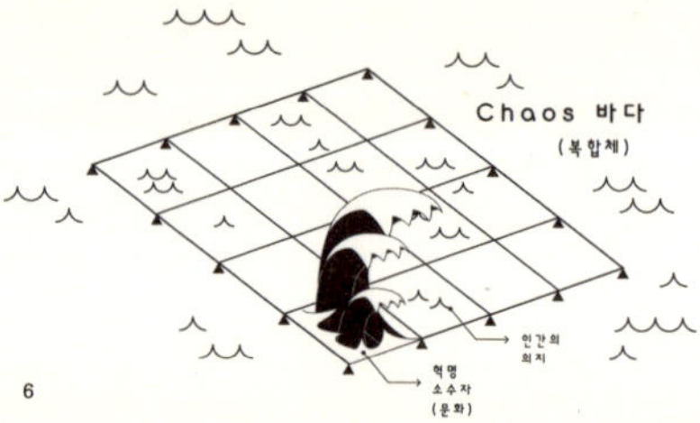

6

후기구조주의는 큰 시각으로 보았을 때, 구조의 역사성과 상대성을 강조하는 사상이다. 후기구조주의는 구조를 선험적, 보편적인 것으로 생각하였던 초기 구조주의와는 대립하는 것으로 일반적으로 푸코 이후 프랑스 현대철학이 많은 부분을 주도한 것이 사실이다. 후기구조주의는 1960년대 후반, 구조주의를 비판적으로 계승한 프랑스의 철학적 경향을 지칭하는 경우가 대부분이다. 그러나 포스트모던 논쟁에서 '포스트post'를 어떻게 보는가의 문제와 같이 '연속連續'과 '탈脫'의 대립적인 부분이 존재하지만 후기구조주의는 구조주의로는 포함되지 않았거나 주변부에 있는 것들의 움직임과 변화의 요소들을 적극적으로 끌어들여 사유하려고 했던 흐름을 통틀어 지칭하는 것이다.

후기구조주의 사유는 구조주의적인 합리적 사유와 함께 구조주의적 사유로는 파악하거나 설명하기 힘든 주변부의 욕망과 차이를 드러내는 부분에 관심을 집중하여 사유한다. 후기구조주의는 구조주의를 계승한다는 점에서 '연속'적이다. 그러나 후기구조주의는 구조주의적 합리성에 근거하여 바라

6. 후기구조주의 도해

볼 때 설명하기 힘든 다원적 상황과 언어지시의 문제점, 주체성 비판이라는 측면에서 구조주의를 비판하고 극복하고자 하는 움직임으로 볼 수 있다. 그런 점에서 그것은 상당부분 '탈구조주의적 흐름'이기도 하다.

	구조주의	포스트모더니즘	후기구조주의
합리성유무	합리주의	과학/합리성 비판	합리적 사유 비판
기본요소	요소(素): 구조존재, 논리적	과거기억요소, 대중선호요소	힘(권력-억압:욕망 포함)
기본특성	인간, 문화 결정론적, 과학적, 분석적	유희, 우연, 파격 등	몸, 신체, 가변성, 역동성, 개체성 (우연, 시간, 불연속 개념)
형식성	형식(연계적, 폐쇄적) 장르/구분	반형식(반연계적,개방적) 무질서	파편적 텍스트, 텍스트간
해석	해석/정독	반해석/오독	파편적 해석의 재조합
구문의 특성	종속적 구문	병렬적 구문	창조적 재조합
주체의 요소	단순한 객관주의 (주어진것, 만들어진 것)	('場'개념) 역시 주관의 구성물로 인식	주체를 벗어난 욕동, 사건, 효과
공간의 태도	공간적 사유('場'개념)	시간, 우연의 입장	공간적 사유에 대한 비판적 태도

구조주의는 합리적 이성에 근거하고는 있지만 이성의 폐해를 가져왔던 주체성에는 반기를 들고 있다. 실존주의는 주관성을 가지기 때문에 주체성을 받아들이지만 주관과 직관을 중시하기 때문에 근대이성이 중시하는 합리성에는 대립된다. 직관의 영역을 적극적으로 끌어들이고자 했기 때문이다. 후기구조주의 역시 구조 이면에서 벌어지는 다른 차원의 흐름과 욕동에 관심을 집중한다.

'후기post'라는 단어에는 4권 포스트모더니즘에서 보았던 바와 같이 '연속'인가 '탈脫'인가 하는 시각의 차이에 따라서 해석의 여지가 매우 다양할 수 있다. 그에 따라 외적으로 드러나는 양태에 있어서도 다양한 흐름이 존재했다. 구조주의는 근대 서양철학의 근간을 이루고 있는 주체중심에 대해서 비판적인 것이 기본 기조이다. 그러나 현상학과는 달리 합리적 이성에 근거하여 분석하고 통찰하여 결론을 내리는 방식에 있어서는 일관적인 흐름을 보이고 있다. 구조주의는 주도세력이 스스로 정의하고 활동했던 운동과 같이

표5. 구조주의, 포스트모더니즘, 후기구조주의의 차이점

뚜렷한 흐름이라기보다는 후대의 학자들이 분류한 것이고 다양한 분야가 상호 영향을 주고받으면서 발전했던 것을 분류시켜 명명된 것이다. 구조주의의 요소들은 존재하게 되는 공간場을 필요로 하며 서로의 영향속에서 작용하는 특징을 보인다. 인류학, 정신분석학, 신화학, 사회학, 역사학, 생물학 등 다양한 연구분야가 서로에게 영향을 주고받으면서 계열을 이루고 있다. 주어진 구조속에서 자유로울 수 없는 인간의 역할을 가정하는 구조주의에 반대하는 후기구조주의는 여러 변수와 다양성에 근거한 특이성의 장場안에서 사유하므로 그것이 천착하는 관점은 '특이성의 게임'이라는 결정론적 입장이다. 따라서 이 사유는 매우 강한 회의주의이며 상대주의적인 입장을 견지한다. '구조주의'라는 틀은 분명 존재하지만 '구조 이면에 흐르는 욕망이 존재한다'는 것을 인식하고 그러한 욕망체계가 어떻게 움직이고 있는지를 연구하는 사람들을 편의상 한 범주에 묶어 분류하는 것이다.

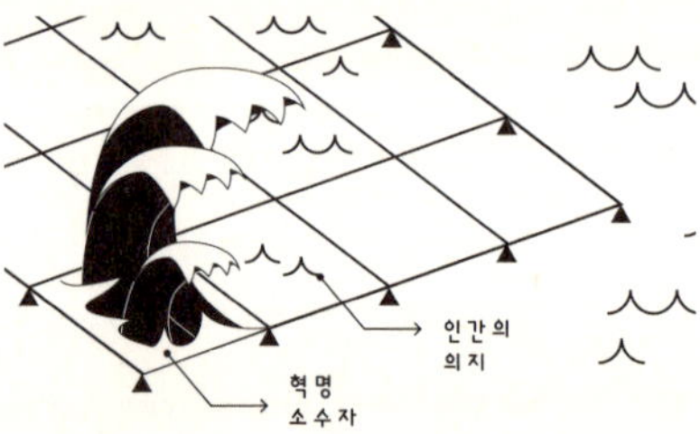

7

구조주의가 주장하는 세계의 기존 구조는 공고하며 그 구조속의 인간은 주어진 구조에 수동적으로 대응하는 존재일 뿐이다. 그런 측면에서 구조주의는 필연적인 요소를 사유한다. 그래서 그것은 '결정론'적이다. 이미 정해져 있는 구조속에서 행할 뿐, 세상에 새로운 것은 하나도 없다고 말하는 구조주의자들에게 인간은 장기판, 체스판의 말과 같은 운명일 뿐이다. 그러나 후기구조주의자들에게는 그 구조가 욕망이 넘실거리는 카오스의 바다 위에 떠 있는 불안정하고 변화될 수 있는 구조로 받아들여진다. '먼저 만들어져 있다'(선험적)고 생각하는 인류공통(보편적)의 근본적 구조를 사유했던 초기 구조주의와는 달리 후기구조주의는 구조주의의 연장선상에서 구조주의와는 대립적인 특성을 보이며 역사성과 상대성을 중시하는

7. 욕망의 분출과 새로운 구조의 생성

흐름을 보인다. 그것은 기성세대 및 정부와 권위세대에 극렬한 투쟁을 벌였던 1960년대 후반의 프랑스 정신사의 영향을 보여주는 사유의 흐름이다. 대표적인 인물로 푸코, 데리다, 들뢰즈 등이 있다. 이 사유는 여러 현상과 다양한 스펙트럼의 영역을 포괄적으로 종합한 연구의 흐름이다. 구조는 물과 기름과 같이 넘실거리는 욕망과 완전하게 섞일 수 없지만 그 욕망은 때때로 거칠게 그 구조를 깨고 나와 새로운 구조를 만들어낸다.

이렇게 구조 이면으로 밀려나 주변화되고 억압받고 무시되어 왔던 욕망을 사유하고 복권시키고자 하는 것에 관심을 두고 연구하는 일련의 흐름을 후기구조주의로 생각할 수 있다. 후기구조주의는 구조주의의 연장선상에서 힘, 우연, 불연속, 시간, 사건, 생성의 개념을 역동적으로 끌어들여 사유한다. 기존체제와 질서로부터 억압받고 무시되고 주변화되어 있는 요소들을 온전하게 드러나게 하고 함께 공존하게 함으로써 사회가 더 건전하고 인간적이고 안정화될 수 있는 방안을 찾는 것이 후기구조주의 사유의 주요한 주제가 되고 있다. 후기구조주의자에게 이렇게 불안정한 것을 화해시키고자 하는 움직임은 텍스트의 균열과 미끄러짐, 흐름, 해체, 상호텍스트적 해석 등의 개념으로 나타난다. 이른바 5권에서 살펴보았던 친숙한 해체적 개념과 7권에서 살펴보았던 탈주脫走의 운동과 관련된 욕망의 유동적 흐름의 개념이다.

3권에서 살펴보았던 구조주의의 대표적인 학자 레비 스트로스가 원시사회의 구조와 연계시켜 생각했던 유럽사회의 결혼문화와 구조, 롤랑 바르트의 언어구조와 텍스트의 공통구조를 연구했던 것과 같이 알튀세르 및 라캉의 경우 역시 그러한 근본적인 구조에 관심을 두고 연구를 진행했다. 인류공통의 언어구조를 연구한 소쉬르는 기호와 기호가 표상하는 대상 사이에는 어떤 본질적 연관성도 존재하지 않음에 착안했다. 소쉬르는 기호를 시니피앙(기표)signifiant과 시니피에(기의)signifié가 결합한 '차이의 게임'라고 생각했고 언어는 더 이상 외적 대상을 표현하는 수단이 아니라 자체의 체계 안에서 구조화된다고 주장했다.[1] 이러한 언어의 지시성과 고정된 의미는 포스트모

1) 소쉬르는 언어는기호체계로 보았으며 언어적 기호에 있어서 기표(단어의 소리)는 청각적으로 들리는(감각으로 지각되는) 형태의 용어 사이에에서 차이를 말하며 , 기의(의미되는 내용)는 용어에 의해 감각으로 지각될 수 없는 의미되는 개념이다.

던 및 후기구조주의에 이르러 일종의 파산을 맞게 된다. 이 내용은 4권 포스트모더니즘이 발생하게 된 계기에 대한 내용에서 이미 다룬 바 있다. 특정한 기호체계가 더 이상 특권을 가질 수 있는 근거가 존재하지 않음을 밝힌 것이다. 후기구조주의의 사유가 구조주의와는 달리 포스트모던의 흐름에 공통적으로 보이는 언어의 지시적 기능에 강한 불신을 보인다는 점은 포스트모던과 공통되는 특성이다. 그런 의미에서 후기구조주의의 사유 역시 포스트모더니즘 사유의 거대한 흐름속의 한 갈래라고 할 수 있다.

구조에는 선적인 발전의 역사(사적 유물론의 시각)가 있을 수 없다. 푸코가 언급한 바와 같이 시대의 흐름에 따라 연속되지 않는 단층만이 존재할 뿐이다. 그런 의미에서 끊임없는 비연속적인 흐름과 혼동은 기호의 끊임없는 미끄러짐과 일맥상통한다. 구조주의에서 시작하여 후기구조주의의 주제에 더욱 관심을 기울였던 그는 근대적 '주체'의 개념이 결국 당시의 시대적 조건과 '권력의 결과로 구성된 타자'일 뿐임을 폭로하고 있다. 역사적 흐름과 절대정신은 푸코와 데리다 그리고 후기구조주의자들에게는 의미없는 것이다. 끊임없이 넘나드는 욕망을 사유하는 후기구조주의자들은 역사와 진보보다는 개체의 욕망을 중시하는 자유를 추구하며 욕망을 사유하기 때문에 이성적인 것을 지양하는 태도를 보이게 된다.

구조주의가 인간이 구조라는 명백한 한계속에서 움직이는 존재임을 밝히는 반면, 후기구조주의는 이것만으로는 설명하기 힘들거나 구조의 한계를 벗어나는 차이와 소외, 무시된 것, 억압된 것, 혁명 등을 사유의 주제로 설정한다는 공통적 특징이 있다. 과학적인 방식으로 인간세계를 구성하고 있는 심층적, 근본적 구조에 집중한 나머지 요소들 사이의 관계를 통해 변화시킬 수 있는 가능성까지도 무시하고 있는 것에 대한 반작용과 비판적 자세에서 후기구조주의는 시작되었다고 할 수 있다. 자연스럽게 후기구조주의는 종교와 역사의 역할 역시 중시하며 특이성의 장場을 끌어들였다. 그것은 구조를 인정하되 상호이질적인 요소들이 중층적으로 존재한다는 심리학의 중층

결정多元決定이라는 개념이 후기구조주의에서 중시되는 이유이기도 하다. 5권에서 살펴본 틈과 사이(공간)를 사유한 데리다의 해체주의와 6권에서 살펴본 푸코의 탈중심화의 담론 및 7권의 들뢰즈의 차이 및 생성의 철학 등이 모두가 기존 구조 및 서구 형이상학적 전통에 저항한 학문적 실험으로 볼 수 있다.

구조주의는 전술한 바와 같이 인류공통의 근본법칙(심층 구조)을 탐구하는 것이었으므로 각 요소들 사이의 관계속에 숨어있는 법칙을 밝히는 것이 주요한 관심사였다. 그렇게 되면 요소들 사이의 공간이 중요해진다. 구조주의를 근본적으로 비판한 포스트모더니즘은 구조주의 자체를 근본개념부터 공격하여 새로운 형식미를 만들어내는 것에 근본적인 취지가 있었다. 포스트모더니즘은 그에 따른 대립적 성향의 성격으로 존재하며, 후기구조주의 사고는 포스트모더니즘의 자장 안에 있다고 볼 수 있으나 이와는 약간 다르게, 구조주의의 깊은 구조로는 설명하기 힘든 힘(권력, 억압), 몸, 가변성, 역동성 등의 내용들을 중점적으로 분석했으며 그에 따른 새로운 사유의 방식과 표현의 가능성으로 나타났다. 후기구조주의적 사고는 새로운 의미의 비전을 가져오기 위해 구조를 깨는 작업이다. 후기구조주의 철학은 구조주의의 사유에서 더 나아가 구조주의의 법칙성으로는 설명하기 힘든 것을 의미하기 때문에 어떠한 면에서 구조주의를 보완한다고도 볼 수 있다.

8002 구조주의에 대한 들뢰즈의 해석과 후기구조주의 개념

들뢰즈가 구조주의에 대해서 언급한 글이 있다. 이 글은 들뢰즈가 생각하는 구조주의를 정의하는 것으로, 기존의 구조주의 개념에 덧붙이거나 새롭게 구조주의가 포함시켜 사유해야할 부분을 언급하고 있다. 다시 말해, 그가 구조주의를 언급하는 것은 결국 오늘날의 '후기구조주의'의 개념을 설명하는 것이다. 그것은 모더니즘과 포스트모더니즘의 논쟁과 같이 포스트모더니스트의 시각으로 모더니즘을 논하는 것과 유사하다. 따라서 구조주의와의 공통점과 들뢰즈가 주목하는 근본적인 차이점에 대해 잘 기술되어 있다. 그것은 구조주의의 핵심을 사유한 내용으로 그의 사유의 개념에 맞추어 구조주의를 해석한 것이다. 때문에 그의 글은 후기구조주의자로 알려진 들뢰즈의 사유를 통해 본 '구조주의란 무엇인가'와 '어떤 방식으로 사유해야 하는가'에 대해서 개념적으로 명쾌하게 설명하고 있다. 개념에 대해서 생각해 봄으로써 후기구조주의의 개념과 사유해야할 방향성에 대해서 명확하게 인식할 수 있을 것이다.

들뢰즈가 저술한 『들뢰즈가 만든 철학사』의 한 챕터인 '구조주의를 어떻게 인지할 것인가?'[1-2]에서 들뢰즈는 자신이 사유하는 방식으로 구조주의에 대해서 언급하고 있는데, 이 내용은 들뢰즈식의 해석으로 구조주의를 말한 것이기 때문에 구조주의의 일반적인 특성을 분석하고 있는 면도 있으나 나머지 대부분의 내용은 후기구조주의의 핵심을 잘 설명하고 있으며 동시에 자신의 철학적 개념을 접목하여 7가지의 항목으로 자신의 사유를 설명하고 있다. 들뢰즈에게 있어서 구조주의적 사유는 우선 '언어적인 것'에 구조가 있음을 인정하는 것이다. 그러나 언어체계는 매우 다양한 분야에 적용되어 있기 때문에 언어적 구조는 무의식, 신체, 사회, 경제, 정치 및 사물에 공통적으로 적용되어 구조화 되어 있다. 들뢰즈는 다양한 분야의 근본구조를 사유할 수 있는 틀을 만들고자 했다.

그가 생각하는 구조주의의 7가지 특성은 다음과 같다.

첫째, 상징적인 것

규칙은 눈에 보이지 않는다. 그러나 우리는 운동경기를 하면서 규칙을 이해

8

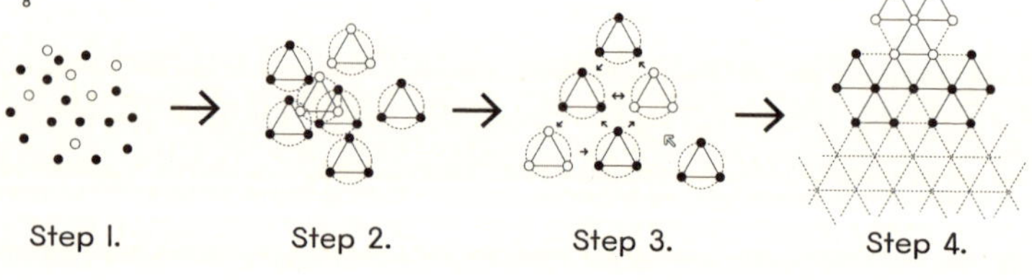

1-2) 질 들뢰즈, 들뢰즈가 만든 철학사, 박정태 역, 이학사, 2007, '15. 구조주의를 어떻게 인지할 것인가?' p363-420내용정리 및 부분인용

8. 요소의 보이지 않는 구조와 질서의 생성과정

하고 느낄 수 있게 된다. 안보이지만 규칙이 있는 것을 느낄 수 있는 것, 그래서 그것은 상징적인symbolic 것으로 이루어진 체계라고 말할 수 있다. 그래서 구조주의는 상징적인 것을 사유하는 것이라고 달리 이야기할 수 있다. 눈에 보이지 않는 분자와 같은 요소들 사이의 규칙을 발견하고 구조를 발견하는 것은 들뢰즈의 무의식적인 잠재적 차원과 연계된다. 들뢰즈는 '구조는 그자체가 요소들, 관계들, 점들로 구성되어 있다는 점에서 무의식적이다. 모든 구조는 무의식적인 하부구조infrastructure요 미시구조micro-structure인 것이다'라고 언급한다.[2] 쉽게 이야기하면, 그것은 수면아래, 혹은 이면의 구조적 계열을 벗어나 다른 차원의 영역에서 작용하며 의미를 만들어가는 것을 가능하게 하는 구조를 의미한다.

상징적인 것은 상상계와 실재계의 제3의 영역에서 작동하는 구조체계이다.[3] 그것은 상징적인 것을 제 2의 질서와 제 3의 영역(공간적)으로 발견하고 인지하는 일이나. 그것은 구조 전체와 부분의 변화되는 것이 동시에 이해되고 설명될 수 있어야 한다. 즉, 눈에 보이지 않는 구조, 즉 무의식의 흐름의 구조에 따라 자리옮김의 구조적 변화가 일어나게 된다. 지금 현재 드러난 눈에 보이는 구조보다는 이면의 흐름을 만드는 빈 칸의 구조가 중요하다. 비어 있어서 욕망의 흐름에 따라 변화하며 자리의 배치를 옮길 수 있는 변화와 운동에 초점을 둔 것이었다.

둘째, 장소 또는 위치

들뢰즈는 '구조의 요소들(즉, 상징적인 것들)은 외적인 지시도, 내적인 의미

9

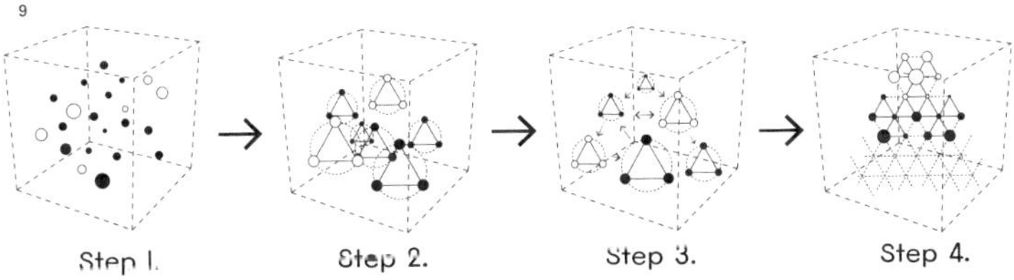

2) 같은책, p385

3) 라캉의 유명한 3가지 분류로서 상상계는 자아ego가 탄생되고 인식되는 과정을 의미한다. 어머니 자궁이라는 세계가 폭력적으로 파괴되고 탯줄이 잘리면서 자신이 파괴된줄 아는 유아가 거울을 통해 자기자신을 확인하고 동일성의 개념을 확보하는 단계이다. 라캉은 부정적의미로 사용했다. 그러나 그것은 결코 동일화가 될 수 없는 간극이 존재한다. 상징계는 언어, 법 등 사회적 체계를 포함하며 현실세계에서의 긍정적인 측면을 의미한다. 실재계는 알수 없는 삶의 영역, 언어로 포획되기 이전의 세계이다. 라캉이 매우 긍정하는 개념이다.

9. 공간속의 요소들의 질서와 구조의 생성과정

화(의미작용)도 지니지 않는다. 구조의 요소들은 반드시 그리고 오로지 '위치'로부터 비롯된 그 어떤 의미만을 지닌다라고 언급한다.[4] 요소들의 배치 속에서 새로운 의미와 주체가 생성되는 것을 중시한 들뢰즈의 개념상 장소, 위치는 매우 중요하다. 구조주의는 일반적으로 주체를 배제하고 과학적 자세로 인류근본의 구조를 연구한다. 그러나 들뢰즈가 바라보는 구조는 이면의 욕망이 흐르는 구조이다. 따라서 그것은 위상학적이며 관계적이다. 구조주의는 항상 비슷한 학문적 관계들이 생기면서 하나의 장場을 형성하여 영향을 주고받게 된다. 따라서 구조주의는 공간적 사유이다. 자연스럽게 공간적 사유에서 장소 및 위치는 매우 중요한 의미를 지니고 있다. 요소들이 어느 장소와 위치에 있느냐에 따라서 의미가 달라질 수 있기 때문이다. 다시 말해, 공간 속의 요소들의 배치관계에 따라 의미는 달라질 수 있다. 구조화 된 위상적 관계속에 조닝이 아닌 비선형적 프로그램과 흐름의 공간적 구조를 만들어주는 것이 필요하다. 이것은 다분히 들뢰즈적인 해석으로 볼 수 있다.

셋째, 차등적인 것과 특이한 것

근대적 체계로 상징되는 '함수적 관계'는 직선적으로 일대일로 대응되는 논리적 체계이다. 그러나 미분적 요소는 변수가 들어오면서 계속해서 차이화되는 곡선화된 체계이다. 그것은 외적 변수에 대응하여 받아들이면서 육화되고 변화될 준비를 하는 단계라고 볼 수 있다.

앞의 그림과 같이 모든 구조는 상징적인 요소들이 상호적으로 결정되는 미분적인 관계들의 체계, 관계들과 대응하면서 새로운 방향성을 만드는 구조의 공간을 그려 나가는 특이성들의 체계, 즉 두 가지의 측면을 지닌다. 알튀세르는 이러한 두 가지의 측면을 적용해서 마르크스주의를 해석하고 있다. 이른바 중층결정의 다양한 관계망으로 해석하고 있는 것이다. 그는 상징적인 가치(생산대상, 생산도구, 노동력, 직접 및 간접노동자들)들을 사유의 대

4) 같은책, p373

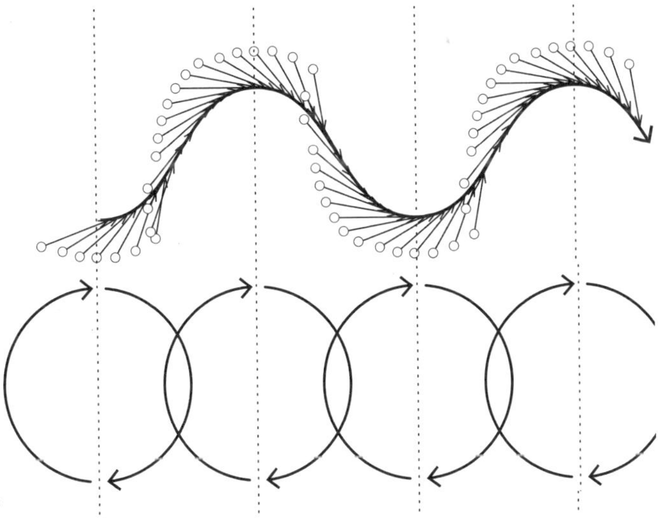

10

상으로 끌어들여 각각의 생산양식들을 사유한다.

직접적으로 드러나지 않는 상징적인 가치체계들의 요소들이 상호 공간적 영향력을 주고 받으면서 서로 관계들의 세밀한 영향력을 주고받는 법칙성을 따지게 된다. 그럼으로써 미분적인 특성을 발견할 수 있으며 그러한 관계로부터의 새로운 분기가 나오게 된다.

넷째, 차이화하는 것, 차이화

(분화하는 것, 현실화하는 것, 적분되는 것, 차이화, 잠재성의 차원)

구조 안에는 이처럼 상징적인 요소들, 미분적 관계들, 관계 값들, 특이성들이 존재한다. 지금 여기에서 현실화되는 것은 이러 저러한 미분적인 관계들, 관계들의 값들, 특이성들의 분배이며 그 이외의 다른 것들은 다른 곳이나 다른 시간에서 현실화되기 때문이다. 차이화 되면서 새로운 것들과 분화

10. 미분적 움직임과 순환사이클의 관계

되는 것들이 나오게 되는 이 과정을 통해 다시 한번 그 속의 법칙을 사유할 수 있게 된다. 들뢰즈는 스스로를 현실화하는 것은 스스로를 차이화하는 것이라고 언급한다.5) 네 번째까지의 단계는 눈에 보이는 구체적 변화는 일어나지 않는 '작동능력이 없는' 상태이다. 그러나 수면 아래에서 잠재적으로 변화를 위해 이면에서 운행하며 준비하는 단계로 볼 수 있다.

다섯째, 계열적

미분적인 관계 안에서 취해지는 상징적인 요소들은 필연적으로 스스로를 계열로서 조직해나간다.6) 그것은 본격적으로 현실화되면서 분기되기 위한 작동의 움직임이 구체화되는 단계이다. 그것은 관계들로 구성된 또 다른 하나의 계열과 관계를 맺게 된다. 새로운 의미로 분기를 이루기 위해서는 계열을 이루는 것이 필수적이다. 구조주의에서 이러한 계열적인 측면이 중요하다는 것만큼은 분명하나 이것은 들뢰즈의 관계와 접속을 통해서 새로운 종류의 접속이 될 수 있는 것으로 보아야 한다.

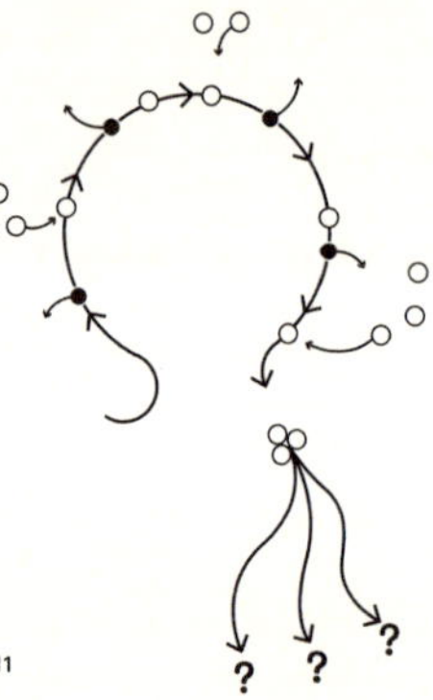

11

여섯째, 빈 칸(역설적인 대상)

구조는 완전히 역설적인 그 어떤 대상 또는 요소들을 자기 안에 지닌다. 에드가 포우의 '도둑맞은 편지'7)에서는 역설적인 편지가 한 구조 안에 두 계열들을 가로 지르면서(탈주하며) 하나의 계열에서 다른 하나의 계열로 민첩하게 순환하기를 멈추지 않는 이야기 구조를 가지고 있다.

한 구조의 두 계열들이 언제나 발산적인데 반해서, 이 역설적인 특이한 대상은 그 모습 그대로 발산하는 계열들의 수렴점을 이룬다. 역설적인 대상은 항상 자리를 옮긴다. 그것은 본질적으로 자신의 자리를 결여하기 때문에 자

5) 같은책, p387

6) 같은책, p393

7) 라캉(Jacques Lacan)의 「'도둑맞은 편지'의 세미나」는 그의 핵심사상을 모두 담은 비평문이다. 포우의 도둑맞은 편지는 라캉의 도둑맞은 기표이다. 알맹이가 이미 공개되어 속이 텅빈 기표지만 그러기에 소유하는 자가 권력을 누린다. 편지는 여왕의 손에서 장관으로 듀팽으로 다시 여왕으로 돌아온다. 그런데 편지는 보이는 것을 아는 사람의 손에서 자리를 바꾼다. 편지가 자리를 바꿀 때 마다 주체는 이동한다. 그러므로 주체는 기표에 종속된다.

11. 분기의 이미지

기 고유의 유사성을 결여한다. 그 결코 채워질 수 없는 빈자리를 채우기 위해 끊임없는 계열의 이동과 움직임이 발생하게 된다.[7-2)]

일곱째, 주체에서 실천으로

자리들은 단지 구조가 현실화되는 경우에만 현실적인 존재들이나 대상들에 의해서 점유된다. 그것은 현저하게 상징적인 심급을 동반한다. 주체란 정확하게 말해서 빈자리를 뒤따르는 심급을 의미한다.

구조주의는 결코 주체를 제거하는 사유가 아니다. 차라리 그것은 주체를 분

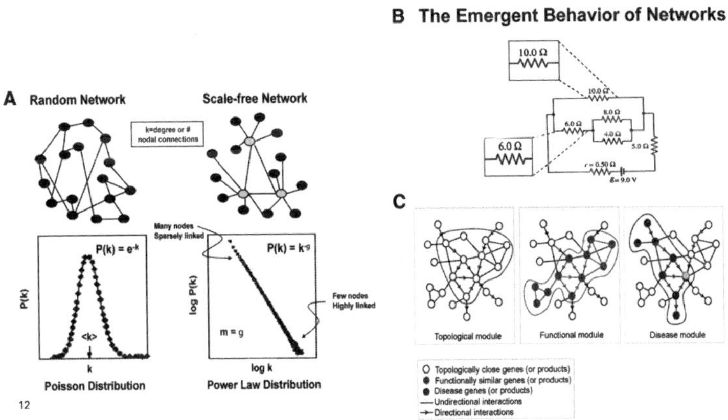

12

산시키며 체계적으로 분배하는 사유, 주체의 동일성에 저항하는 사유, 주체를 흩뜨러뜨리며 이 자리 저 자리로 이동시키는 사유, 그리하여 비인격적인 개별화들이나 선-개인적인 특이성들을 가지고서 언제나 유목적인 주체를 만드는 사유이다.

이면의 구조를 가로지르며 새로운 운동과 효과, 사건을 만들며 새로운 의미를 만들어가는 것, 그것이 존재(주체)라고 생각하는 들뢰즈에게 잠재적 차원에서 벌어지는 구조에 집중하여 사유한 것은 자연스러운 일이었을 것이

7-2) 보이는 것을 모른 왕과 경감은 상상계에 빠져있고 보이는 것을 알지만 다시 편지를 빼앗기는 여왕, 장관, 듀팽은 상징계에 속하고 편지가 자리를 바꾸는 순간이 실재계이다. 라캉은 프로이트의 무의식을 상상계, 현실을 상징계로 보아 주체를 재구성하고 타자의 필수성을 강조한다. 라캉의 타자는 타인이 아니라 상징계 속의 상상계로서 법과 언어의 체계를 위협하는 이물질이다. 주체는 타자없이 존재할 수 없다. 타자와의 공존은 라캉이 프로이트를 새롭게 해석한 부분이다. 타자는 정치적인 문맥으로 확장되면 여성, 식민지, 유색인, 자연 등 기존의 사회가 억압해온 주변부를 의미한다. 네이버 문학비평용어사전 [정신분석비평] 인용

12. 네트워크와 안정화의 의미

다. 그의 사유는 유목적 사유라고 이야기한다. 그에게 구조주의 역시 계속되는 경계를 가로지르는 관계의 생성과 그 가운데 나타나는 다양한 운동, 순환 등을 사유하기 위해 분석하고 있다. 기존에는 구조주의의 특성은 상징적인 것과 공간적인 것, 미분화되는 것, 그리고 계열화되는 것을 일반적인 구조주의의 특성으로 보았다. 그러나 들뢰즈는 빈칸으로 남는 것들이 계속해서 계열화되고 차이화를 만드는 실천적 주체를 중시하는 끊임없는 운동과 유목적 사유를 통해 새로운 경계선을 타는 것을 사유했다. 그에 따라 구조주의에서는 보기 힘들었던 다양한 욕망, 힘, 우연, 불연속, 시간, 혁명 등의 내용 등을 사유할 수 있는 가능성을 열어둔 것이다. 그런 측면에서 들뢰즈의 구조주의 개념은 충실하게 후기구조주의의 개념을 언급하고 있다.

그의 사유는 후기산업사회의 양태를 상징하는 것으로 볼 수 있다. 6권에서 살펴본 바와 같이, 네트워크형 구조를 살펴본 바와 같이, 네트워크 구조에서 각 통합자의 요소들은 분화되고 요소들이 다시 새로운 관계를 형성하면서 효율적으로 자체적인 안정성과 연계성을 강화시켜나간다. 그리고 그 안정화된 네트워크는 또 다시 새로운 차원으로 분기한다. 이와 같이 그의 사유와 열린 시스템과 변화는 N형 구조의 진화과정을 설명하는데 부족함이 없다.[7-3]

사실, 들뢰즈는 구조주의에 대해서 사유하여 구조주의를 이야기한 것이지만 포스트(후기)마르크시스트로 회자되는 들뢰즈의 사유방식을 생각했을 때, 그가 말하는 구조주의는 후기자본주의사회의 후기구조주의적 시각을 견지하고 있다는 것을 쉽게 인식할 수 있다.

그러나 그의 후기구조주의 개념은 철저하게 운동과 변화가 만들어내는 새로운 의미(존재)에 초점을 맞추고 있을 뿐, 다른 차원에 여전히 존재하는 '진리'에 대한 개념, 다수의 '정의'에 대한 관심은 상대적으로 미약하다. 그런 이유에서 바디우와 같은 철학적 반론이 형성되는 이유가 되고 있다.

7-3) N형구조는 네트워크 구조의 약자로 고정되고 막혀있는 단일의 구조(통합체)에서 좀 더 유연하게 다양한 요소들을 접합하며 변화되기 쉬운 조직체로 후기산업사회 효율성과 빠른 변화에 적합한 것으로 실험 및 사유되고 있다 .

8003 후기구조주의와 형태의 생성

무언가 욕망이 발현하여 흐르게 되면 잠재성이 드러나는 운동과 변화에 따라 욕망하는 주체의 의지가 투사되어 실제 물질화(육화)가 이루어지며, 그러한 욕망이 투사되어 작용하게 되면 요소들이 만들어내는 구조와 결합되며 드러나는 현실화의 과정이 진행된다. 현실화의 과정은 필연적으로 욕망의 흐름과 물질과 함께 연계되어 눈에 보이는 무언가의 형태와 공간으로 나타난다.

7권의 생성의 철학을 살펴보면서 우리는 끊임없이 차이와 분기를 만들어내 들뢰즈 사유의 매커니즘을 살펴보았다. 들뢰즈는 계속되는 관계의 변화속에서 움직이며 잠재성이 흐르고 현실화되는 과정을 통해 드러나는 현실화되는 '생성의 존재론'을 사유했다.

'~되기'를 위한 잠재성으로부터 현실화되어 드러나는 과정에서 나타나는 새로운 특이적 대상이 형태로 나타나게 된다. 형태와 공간을 다루는 건축분야 역시 형태의 생성이 어떻게 이루어지는가에 대한 논의가 가장 중요한 부분을 차지하고 있다. 잠재성이 현실화되면서 결국 형태 및 공간으로 나타나기 때문이다. 형태를 통해 나타나는 공간의 점유는 결국 인간의 지각 즉, 시각적, 촉각적으로 가장 직접적으로 인지할 수 있는 부분이기 때문이다.

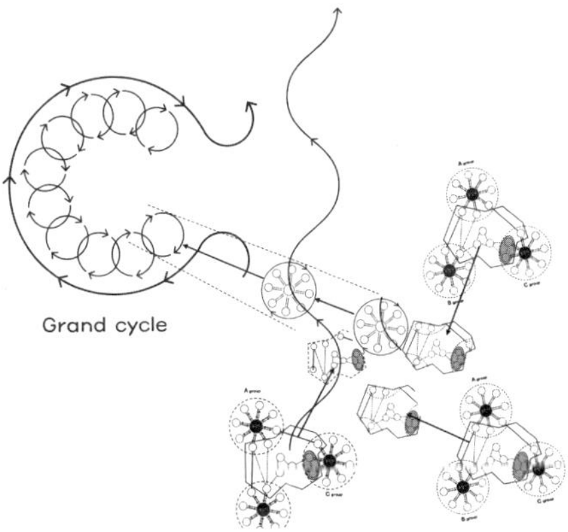

13

13. 거대순환과 미시순환속의 네트워크 구조와 분화

7권의 내용이 들뢰즈 중심의 생성의 움직임과 관련된 형태와 건축적 트렌드를 만들어 낸 부분에 집중하여 사유했다면 8권에서는 후기구조주의적 관점에서 논의되는 형태 생성의 담론과 그 방법론에 대해 집중하고, 이후 오늘날 논의되고 있는 변화와 움직임만이 아니라 그 가운데 새로운 질서를 만들어 나가는 사유의 흐름에 집중할 것이다.

후기구조주의 담론과 형태와 관련하여 직접적인 담론으로 언급되는 것은 프랙탈 담론과 급변론 등이 대표적이다. 이것은 데카르트적 이성에 의한 형태생성과는 매우 다른 것으로, 예측불가능한 방향과 형태로 급변하면서 불연속의 특이점이 연속되는 유동적 형태를 발생시키는 것에 대해 연구하는 담론이다. 급변론catastrophe theory의 대표적 인물인 르네 톰은 유동적 형태들이 이루어지는 가운데 구조적 안정성을 동시에 이루어 가는 수학적 모델에 대해서 연구했다. 그에게 올챙이가 개구리가 되는 과정은 형태가 고정되지 않고 연속해서 유동적으로 변화되어 나가는 형태발생과 변이의 움직임으로 이해되며 그는 급변과 불연속의 도입을 통해 형태가 발생하고 변화된다고 주장한다.

급변론에서 다루는 형태의 급변과 변화 그 가운데 안정화되는 형태가 생성되는 것은 들뢰즈의 '생성의 사유'와 연계된다. 이러한 담론들은 모두 관념론으로 대표되는 고정불변을 사유한 전통적인 철학적 주제와는 다른 편에 위치하는 담론들이다. 변화와 움직임을 사유하는 계보는 현대철학의 생기론적인 사유와 직접적인 관련이 있다. 라이프니츠의 모나드론에서 주장하는 접힘과 펼쳐짐의 운동, 생의 철학을 주창한 니체와 기억과 지속의 개념을 언급한 베르그송, 그리고 그러한 사유를 총체적으로 종합하여 사유한 들뢰즈에 이르기까지 '생기론'은 결국 인식의 영역에서 형태의 변화로 기억되므로 형태와 공간을 점유하는 형태의 공간화를 직접적으로 다루는 건축분야에 있어서 매우 중요하다.

운동, 급변을 통한 형태 생성

8004 생기론의 철학적 배경

철학은 총체적 학문이다. 그것은 세계를 통합적인 시각으로 바라보고 인간의 언어와 지각으로 이해할 수 있도록 말할 수 있는 학문이다. 눈에 보이는 것만 바라보고 논리적, 이성적 법칙을 언급하는 실증주의와 과학은 그래서 철학의 극히 일부분일 뿐으로 물질적 발전에는 공헌했으나 인류사에서 극심한 폐해를 만들어냈던 원인이 되었다. 인간의 심리와 모든 학문을 껴안아 사유하는 철학은 보이는 것과 보이지 않는 이면의 욕망까지 사유한다. 보이는 것과 보이지 않는 것을 사유하는 것은 결국 존재와 실재 사이in-between를 사유하는 것이다. 이러한 존재론에 해당되는 내용이 바로 현대철학의 주요한 쟁점이었다.

데카르트적인 입장에서 이성적 논리적 시각으로 물질을 바라보고자 하는 것은 대상화된 시각이며 결국 푸코식으로 말하면 권력화의 의지가 투영된 결과로 구성된 '타자적' 사유이다. 데카르트적 물질과 공간은 위치와 이동이 예측가능하고 논리적인 귀결에 의해 완벽하게 들어맞는 영역을 사유한다. 데카르트의 경우 물질-공간들의 크기와 모양 그리고 위치이동과 관련된 확실한 인자들에 의해 사유가 진행되고 공식과 기계와 같이 사유가 정확하게 맞물리게 된다. 따라서 투입과 산출과 예측이 가능하며 결과 역시 예측과 동일하게 도출된다. 2차원적인 좌표들이 공간적으로 쌓이게 되면서 3차원적 좌표가 형성되고 질량, 위치, 가속도를 통해 정확하게 논리와 수식에 의해서 공간과 좌표가 결정되는 이성적, 과학적, 논리적 방식을 우리는 '기계론적 사고관'이라고 말한다.

그러나 생기론으로 대표되는 철학적 흐름은 논리적인 이성적 측면보다는 심리, 기억, 감정 등의 변화와 관련된 인문적 요소들을 주된 사유의 영역으로 취급한다. 따라서 이러한 사유의 흐름과 계보는 '반기계론적 사유'로 분류된다. 현대적인 생기론의 사유는 라이프니츠, 베르그송, 들뢰즈의 계보로 이어지는 사유를 통해 찾아볼 수 있다. 그러나 형이상학과 기계론도 자체의 한계와 부정적 측면을 보완하면서 세련되고 정교화되는 진화의 과정을 거쳤다. 그것들이 오늘날 헤겔 복권주의(지젝) 혹은 플라톤 복권주의(바디우)와 같은 보완적인 흐름으로 나타나는 추세이다.[7-3]

데카르트적 공간과 그 속의 요소들은 마치 진공과 같은 공간속에서 독립적으로 존재한다. 그는 절대적인 물질과 공간을 가정하고 사유한다. 그것은 이른바 관념적이고 대상화되어 있는 사고이다. 그것은 외적 변수가 없이 아무것도 존재하지 않는 공간속에 아무런 영향도 받지 않는 요소들이 고요하게 위치해 있는 가운데 각 요소들간의 구조와 관계의 구성과 법칙을 사유한다. 그러나 라이프니츠는 그것보다 훨씬 더 다양한 요소들로 가득 차 있는 것으로 세계를 이해한다. 즉, 그가 생각하는 공간은 질적으로 풍부한 상태를 의미한다. 마치 동양의 사유와 같이 이 세상의 공간은 공기(기체)와 에너지의 기氣로 꽉 차있는 것을 기본으로 하여 사유하는 것과 유사하다. 즉, 세계는 다양체로 이루어져(꽉 채워져) 있으며 세계는 살아서 생동하는 힘과 에너지가 내포되어 있다. 그리고 세계는 무한히 차곡차곡 쌓여있는 주름이라는 입장이다. 이것은 무언가가 활발하게 생성되는 것, 이면에서의 활발한 움직임속에 드러나는 것은 차곡차곡 접혀있던 것이 펼쳐지는 다양한 힘의 접합과 흐름을 언급했던 라이프니츠의 사유를 자연스럽게 떠올리게 한다.

–라이프니츠의 사유

근대철학에서 생기론적 사유를 펼쳐 나간 라이프니츠의 사유는 논리적, 정량적 사유라기보다는 직관에 근거한 '정도의 사유'로 표현할 수 있으며 기계론적 사유에 최초로 비판을 가했던 사유이다. 라이프니츠는 외교관으로 활발하게 주변국을 방문하고 활동하면서 철학자로서 서구사상을 종합하려고

7-3) 프랑크푸르트 학파와 같이 애초부터 헤겔의 변증법적 역사발전을 수용했던 흐름뿐만 아니라 지젝등의 헤겔복권주의 계열의 철학적 흐름은 21세기 새로운 지적 흐름으로 자리를 잡고 있다.

했고 그러한 의지가 결국 '모나드'의 사유로 귀결되었다. 정신과 육체의 합일을 주장했던 스피노자의 사유로부터 상당부분 영향을 받은 것을 짐작할 수 있는 대목이다. 이질적인 것을 통합하여 사유하려는 라이프니츠 사유의 특성을 곰곰이 되짚어보아야 할 이유가 여기에 있다.

아리스토텔레스는 변화 역시 구분하며, 생성, 소멸은 실체의 변화이고 운동은 실체가 보존되면서 만들어지는 변화를 사유했다. 운동에는 질적 변화가 있다. 양의 증감은 위치 이동으로 구분된다. 고정불변을 사유했던 플라톤과는 달리 아리스토텔레스는 시간의 흐름속에서 이행하는 변화(가능태에서 현실태로 변화) 가운데 목적에 도달하는 사유를 선보였다. 이러한 사유의 계보를 라이프니츠는 좀 더 발전적으로 계승했다. 요소들의 관계를 통해서 사건의 순서와 질서가 만들어지고 공간이 생성된다고 그는 생각한다. 동양철학에서 육체는 기가 뭉쳐서 생기는 것으로 간주되며 죽음은 기가 흩어지는 것으로 생각하는 것과 유사하다. 생명체는 엔트로피를 낮춤으로써 자기 조직화 및 형상을 유지할 수 있는 존재이다.[8] 물질은 여러 가지 입자로 이루어져 있으며 만나게 되면 튀어나가는 역동성이 있고 방향성과 속력이 변화하면서 연속적으로 발생하게 된다. 그것은 마치 유체와 같이 유동적으로 탄력적으로 움직이며 변화해 나간다. 이렇게 변화해 나가는 것을 라이프니츠는 주름이 펼쳐지는 것으로 이해했고 고등한 것은 특이점이 밀도있게 압축되어 있는 주름으로 구성되어 있는 것으로 간주했다. 그는 이러한 변화를 주름이 더욱 많이 잡혀있는 가운데 펼쳐지는 것으로 이해했다. 그것은 사건들이 접혀져 있다가 펼쳐짐으로써 현실화된다는 생각이다. 그것은 사건이 중심이 되고 과정이 중심이 되는 사고라고 표현할 수 있다.

라이프니츠의 사유는 미세한 차이를 다루는 미적분학과 DNA를 다루는 생물학과 친화력을 가지고 있다. 작은 차이의 관계로부터 변화율을 적분하면서 만들어지는 변이와 발생학의 중요 요소인 변화, DNA의 펼쳐짐에 따른 분기와 변화는 라이프니츠의 모나드와 접힘과 펼쳐짐이라는 사유와 연관되

8) 엔트로피 법칙은 물리법칙 중에서 가장 근본적인 법칙 중의 하나가 에너지 보존법칙이다. 에너지에는 여러 가지 종류가 있어 한 종류의 에너지가 다른 종류의 에너지로 바뀔 수 있다. 하지만 에너지의 총량은 항상 일정하게 유지된다는 것이다. 살아있는 생명체는 자신의 의지에 의해 엔트로피를 감소시킬 수 있다. 그러나 엔트로피의 감소는 에너지를 물질의 형태로 체내에 저장하기 위해서는 반드시 주위에 더 많은 에너지를 분산시켜야 하는 대가를 지불해야 한다.

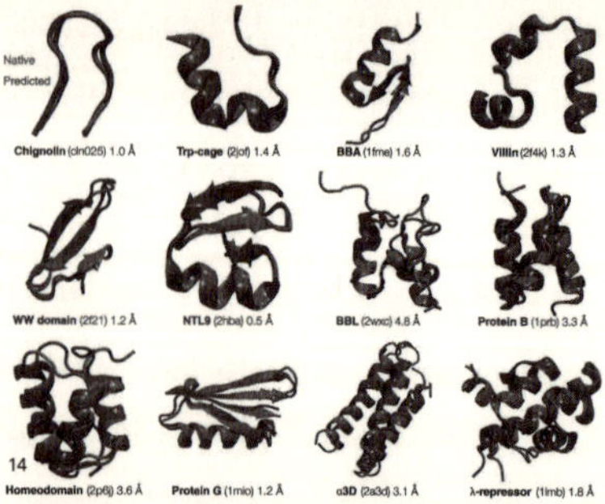

14

며 생기론의 여러 생각들에 기초를 이루고 있다. 그것은 생물 자체 내에 미리 접혀있던 것이 펼쳐지면서 현실속에서 형태를 구현하게 되는 '과정'과 연계된다. 그런데 여기서 주목해야 할 점은 인간이 여러 생물체 중에 더욱 주름이 고등하게 접혀 있어서 다른 차원의 펼쳐짐을 가능하게 한다는 점이다. 특히 인간은 펼쳐짐의 과정중에 노력, 욕망, 영혼, 힘(욕동) 등의 특성을 보이며 다른 동물과는 다른 차원의 펼쳐짐이 이루어지게 된다. 무의미한 요소들이 다양하게 섞여 들어가는 미분적 관계속에서 새로운 의미를 형성하고(의미화) 그것이 연계되면서 기능화되는 것이 바로 라이프니츠의 모나드가 펼쳐지는 개념이다.

구조주의는 요소들의 관계를 따지는 공간적 사유이며 요소들 사이에는 프로그램 및 정보가 엮이면서 관계가 생성되고 의미화가 이루어지면서 물질들로 조직된다. 이것이 하나의 에너지가 되어 변화를 일으키게 된다. 변화를 일으키면서 현실화되어 나가는 과정, 존재가 형성되는 과정(DNA의 발생학적 변화), 사건들이 생성되고 촉발되는 과정은 노자가 이야기하는 개념, 즉 서로가 서로를 기다리고 기대고 접촉면에서 변화와 움직임을 만들어 나가는 과정을 나타내는 동양철학의 '도道'의 개념과 유사하다.

–현대 과학의 총체적 관점

베르그송은 기계론적인 사고관을 전면적으로 거부했다. 그는 논리적, 이성적 가치로는 논하기 어려운 생명, 진화를 사유했다. 라이프니츠의 사유와 유사하게 그의 사유의 개념중 분화는 잠재적인 것에서 현실적인 것으로 분화하는 과정이며 여러 요소들을 받아들이면서 개방적으로 변화되며 불쑥

14. DNA의 접힘, 펼쳐짐 그리고 분기

솟아오르며 드러나게 된다. 그러면서 형태가 만들어지게 된다. 베르그송이 의미하는 생명은 물질과는 달리 '생명의 약동'을 통해 솟아오르며 창조되고 나타나는 것이므로 대상화되어 부여되는 존재와는 전혀 다른 것이다. 그것은 복잡계에서 주로 논하는 창발적 현상과 유사하다.

현대과학의 프랙탈을 통해 우리는 유기체의 기관이나 자연현상 그리고 자연의 형태와 기상현상, 경제현상 속에 숨어있는 듯 보이는 구조를 찾을 수 있다. 그러나 그 구조는 미시적으로 거시적으로 보아도 같은 질서의 구조를 보이며 동일한 질서가 무한 반복되는 특징이 있다. 그러나 그것은 순수하고 정형적이고 논리적인 형태가 아니다. 자기조직화의 논리를 통해 미시적인 형태가 거시적인 형태로 창발되면서 안정화를 이루는 형태로 구조화되어 증식된다.

데카르트적 이성의 공간과 형태는 실증적이고 예측가능한 형태로 좌표화되어 분석가능한 공간이며 형태이다. 그러나 복잡계 이론은 과학적, 실증적, 논리적 설명방식으로는 언급할 수 없는 생명과 유기체, 자연의 현상과 시스템을 설명하고 해석하는데 매우 유용하다. 프랙탈과 복잡계로 만들어지는 구조는 예측불가능한 방향으로 성장하는 창발적인[8-2] '우연'이 존재한다. 그러나 그 우연은 비형식적인 방향성이 모여서 하나의 질서를 이루어가는 과정을 보여준다. 또한 그러한 요소들은 상호 연결되면서 네트워크화 되고 성장하면서 안정화되는 연결망을 보여준다. 바라바시Barabasi는 노드node와 링크link로부터 네트워크가 어떻게 연결되고 성장하고 안정화되는지에 대해서 자세히 연구해왔다. 프리고진은 생명현상과 자연현상에서 나타나는 복잡계 현상을 촉발하는 비평형상태의 산일구조 개념을 만들었다. 비평형은 요소들이 불안정하지만 에너지가 넘치는 구조이다. 이들은 에너지가 넘치면서 혼돈의 상태에 있지만 곧 그 혼돈속에서 새로운 질서가 형성되는 것을 사유했다.

중국, 인도, 파키스탄, 방글라데시 등의 국가를 가보면 차, 자전거, 오토바이

8-2) 자율적인 요소들의 개체들과 그 사이의 환경(하위계층)에서 국소적인 상호작용이 대역적인 질서(전체적인 상위계층)에서 자연적으로 돌연히 출현하는 현상이다.

와 사람들이 뒤엉켜 총체적인 혼돈, 즉 카오스 상태의 거리를 경험하게 된다. 완전히 질서가 없는 듯 혼돈가운데 있는 듯 보이지만 생각만큼 큰 사고가 발생하지 않으며 각각의 사람들은 큰 무리없이 일상의 질서속에서 움직이고 생활을 영위하고 있다. 사람들은 평온하게 자기의 일상(내재 질서, 공식)에 맞추어 제 갈길을 향한다. 그 모습은 외부에서 보이는 모습이 혼돈스러운 것이지 이면에 내재된 국지적 환경속의 질서는 요소들의 차분한 질서를 이루며 거시적인 총체적 질서를 만들고 있다.

라이프니츠로부터 시작하여 현대 과학에 이르기까지의 사유는 객체를 대상화시켜 전체를 논리적으로 파악하고자 하는 기계론적인 사유에서 벗어나 전체를 총체적으로 사유하고자 하는 흐름은 생명현상을 총체적으로 파악하고자 하는 이론과 사유로 진화하는 흐름이다. 현대건축은 이면의 비물질적인 것에 대한 관심과 함께 혼돈속의 질서를 이끌어내는 것이 주요한 주제의식이다. 주름이 펼쳐지면서 미분적 연속성을 가지면서 펼쳐지는 것을 사유하며 결과보다는 과정을 중시하는 흐름과 연계되어 있다.

8005 급변론, 프랙탈, 복잡계 이론

앞서 언급한 바와 같이 총체적 관점으로 접근하여 혼돈속에서 무언가의 형태를 촉발시키는 이면의 질서를 만들어나가는 현상들을 연구하는 현대과학의 대표적인 이론으로 급변론과 프랙탈, 그리고 복잡계 이론이 있다. 이 이론들은 혼돈속에서 질서를 찾아내고 그것이 거시적 관점에서 안정화를 이루어 나가는 네트워크적 특성을 보이는 것에 착안한다. 이에 연구자들은 그 안에 숨어있는 질서를 과학과 인문적 관점을 결합하여 파악하고자 했다. 이러한 관점이 기존의 과학적 한

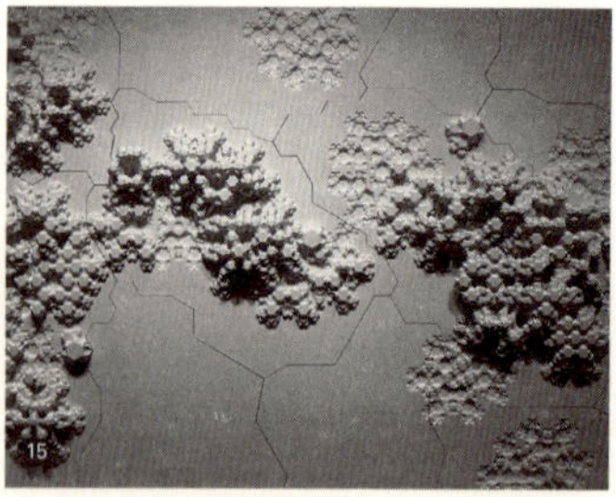

15. 프랙탈의 이미지 Leonel Moura 작품

계를 극복할 수 있는 진일보한 과학으로 인정받는 이유가 되고 있다.

–카오스 이론

과학자들은 20세기의 중요한 과학적 업적으로 카오스 이론을 꼽고 있다. 그 이유는 카오스 이론이 물리학 분야에 혁명과 같은 패러다임의 변화를 가져올 수 있는 잠재력을 가지고 있는 것으로 보고 있기 때문이다. 카오스 이론은 논리적, 이성적, 실증적인 뉴턴 물리학의 개념을 파괴시켰다. 또한 이 이론은 결정론적 예측가능성에 대한 환상도 여지없이 무너뜨렸다. 카오스 이론의 가장 큰 미덕은 연구 주제가 일상의 경험과 현실에 기반하고 있다는 점이다. 또한 이 이론은 과학에서 의도적으로 무시되어 왔던 직관의 영역을 껴안는 진보된 부분이 존재한다. 다시 말해, 카오스 이론은 기존의 과학이 논리적이지 않아 등한시했던 불규칙한 현상의 배후에 감추어져 있는 규칙성을 찾는 이론이다. 일리야 프리고진이 주장한 바와 같이 기존의 과학이 연구한 영역은 카오스 이론에서 다루는 분야로 보았을 때 극히 일부분에 지나지 않기 때문이다.

초기의 연구는 이렇게 기존 연구의 관성상 그리고 외견상 비논리적인 것을 다루는 특성으로 인해 학계에서 많은 반발을 받았던 것이 사실이다. 그러나 현재는 카오스 이론이 선진국의 대학에서 주요한 연구주제가 되었다. 대기, 야생동물 개체수의 변동, 자연의 불규칙한 움직임, 날씨 등 기존에는 미지의 영역, 신의 영역으로 여겨졌던 것들이 복잡계의 시각으로 연구되고 있다. 일상에서 논리적이지 않지만 존재해왔던 많은 것들, 예를 들어 바람속에 이리 저리 다양한 방향으로 펄럭이는 깃발이나 연기, 입자의 움직임 등에서 일정한 패턴을 찾아내고 질서의 형태를 만들어가는 과정에 대한 법칙을 발견하고 안정화되는 방법론에 대해서 연구한다. 오늘날 이 이론은 불규칙하고 복잡한 것을 규칙과 논리적 영역에서 사유하고 증명할 수 있는 더 큰 틀의 과학으로 거듭나고 있다.

건축 역시 복잡계 이론과 마찬가지로 논리적이고 이성적인 측면에서 마스터플랜을 만들어왔던 방식과는 다른 방향으로 건축과 도시를 바라보고 연구할 수 있는 방향성이 생겼다. 프리고진의 이론을 건축, 도시적으로 받아들인다면 건축구축론의 변화와 도시구조의 변화를 응용할 수 있는 가능성이 더욱 확장될 수 있을 것이다.

–복잡계複雜系 이론

복잡계 이론은 자연과학, 수학, 사회과학 등 다양한 영역에서 연구되고 있으며, 초기 경제학 영역에서는 현대의 복잡한 경제현상을 해명하기 위해 사용되었지만, 현재는 온갖 분야에 적용해 사용할 수 있는 이론으로 언급되고 있다. 이론의 기본 방향은 원인과 결과의 관계에 대한 종래의 견해가 하나의 원인에 대응하는 하나의 결과라는 단순한 관계의 설정을 비판하는 것이다.

복잡계 이론에서 많이 언급되는 것으로 잘 알려져있는 '나비효과'를 들 수 있다. 나비의 날개짓이 지구 반대편에서는 태풍과 같이 강력한 영향력을 끼칠 수 있는 사건으로 비약될 수 있다는 주장이다. 어느 장소에서 일어난 작은 사건이 그 주변에 작용하고 그것이 복합화되어 지구 반대편에서는 큰 영향력을 끼치는 사건의 원인이 될 수 있다는 것이 복잡계의 기본적 입장이다. 현대세계는 다양하고 복잡한 요소들이 상호 긴밀하게 연결되어 있으며 이것이 상호작용을 통해 어떠한 사건의 원인을 제공하게 된다. 최근에는 경제학, 생명과학, 사회학, 화학 등 다양한 학문분야에서 이러한 복잡계의 과학적 접근방식이 응용되며 연구되고 있다. 이것은 총체적 세계관이며 또한 과학적으로도 증명가능함을 보여주는 증거라고 할 수 있다.

이 이론과 관련하여 건축분야에서 관심을 보이는 흐름은 계의 자기조직화 능력과 자발적인 정보처리 능력을 통해 건축 프로그램과 공간 및 형태의 조직을 유연적으로 가능하게 만들 수 있는 영역이다. 또한 건축계에서는 정보의 흐름에 따라 자연스럽고 유동적인 형태와 공간구조로 자기조직화될 수 있는 설계방안이 선보여지고 있다. 즉, 데이터 자체가 그대로 굳어져 하나의 공간과 형태로 만들어질 수 있는 즉물적인 형태와 공간이 데이터에 의해 힘을 얻는 것이다. 계係에서는 구성요소를 기능단위로 추상화시켜서 보는 경향이 있으며 물리학, 경제학, 면역계, 네트워크, 생물의 진화 역시 이러한 복잡계의 시스템으로 설명이 가능하다.

–프랙탈 이론

16

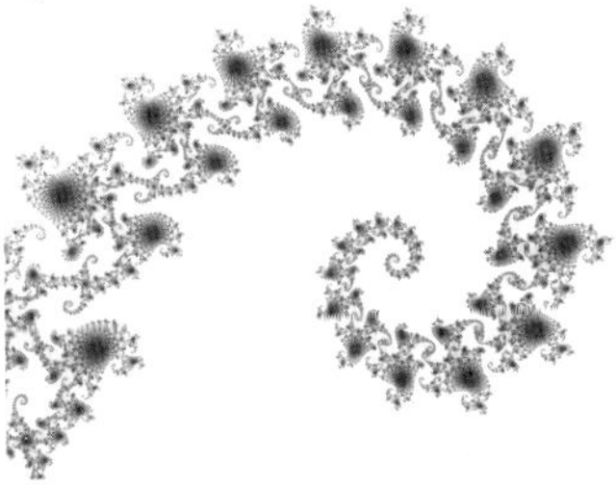

프랙탈fractal이란 용어는 1975년 IBM 연구원으로 있던 만델브로Benoit B. Mandelbrot에 의해 처음으로 고안되었다. 프랙탈은 카오스에 내재한 질서 구조이자 그것을 묘사할 수 있는 언어이다. 만델브로는 프랙탈적인 해안선(리아스식 해안선)의 길이는 어떤 단위로 재느냐에 따라 얼마든지 달라질 수 있다고 주장하며 이를 증명했다. 아무리 카오스적으로 복잡한 형태라고 할지라도 거시적 시점에서 보았을 때 질서를 가지고 있는 이유는 미시적 질서가 동일한 구성방식으로 확대, 재생산되고 있기 때문이다. 그것은 자기유사성Self-Similarity을 지닌 부분이 전체의 일부이기도 하고 전체의 모습이기도 하는 순환을 이루고 있기 때문이다.

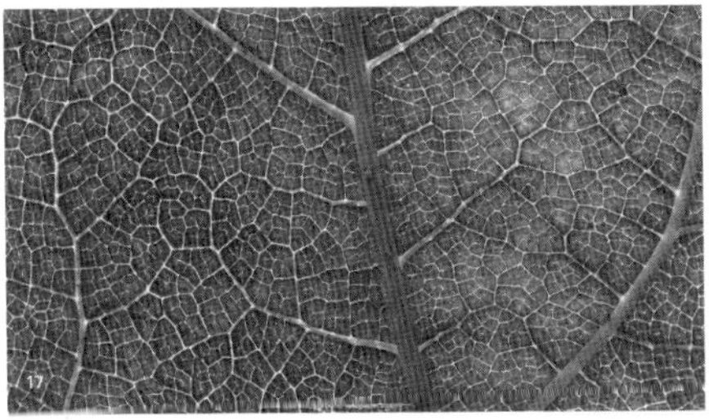

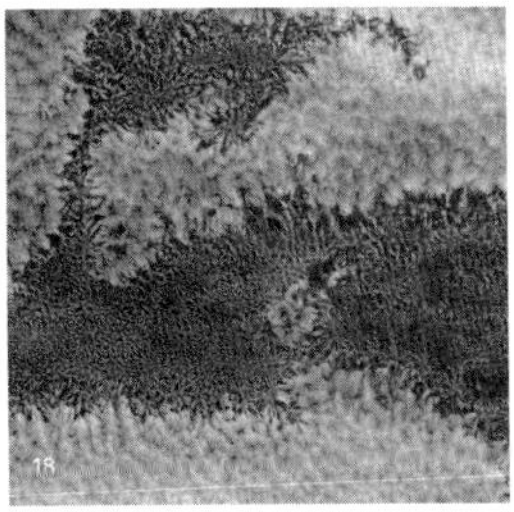

16. 프랙탈의 구조
17. 나뭇잎의 프랙탈 구조
18. 구름의 프랙탈 구조

우리는 나뭇잎, 구름 등의 구조가 매우 복잡할 것으로 생각하지만 전체적인 시스템은 미시적인 시스템이 반복되면서 거시적인 시점에도 그 조직이 반복된다. 그것은 자기유사성으로 인해 동일한 반복적 구성을 통해 또 다시 동일한 구조를 만들어나감으로써 상호조직간의 안정화를 모색할 수 있도록 구성되어 있다. 이처럼 자기 유사성을 갖는 기하학적 구조를 프랙탈 구조라고 한다.

그는 프랙탈 구조가 자연물에서 뿐만 아니라 수학적 분석, 생태학적 계산, 위상공간에서도 발견할 수 있으며 인간 세상의 여러 현상에서 두루 나타나는 기본적인 자연의 형성구조라는 것을 발견했다. 그는 불규칙한 현상으로 보여지는 것이 사실은 그 이면에 자기유사성과 순환성을 가진 프랙탈의 개념으로 무한 증식되며 형태가 생성되는 과정(움직임, 변화)이 이루어지는 것임을 주장한다.

최대한의 빛을 받아들이기 위해 최대한의 면적을 점유할 수 있는 잎의 구조와 최대한의 공기를 받아들이기 위한 허파조직의 실핏줄 구조, 눈의 구조, 구름 하천, 해안, 산맥의 흐름의 형태와 구조 등은 모두가 자기유사성의 프랙탈 구조로 이루어져 있다. 프랙탈의 기본 구조는 끊임없는 증식과 복제를 통해 구조를 형성하면서 순환성을 보이는 특성을 보인다. 구조의 수식은 아주 간단한 수학식인 $z=z^2+c$에서 출발한다. 이를 단순성을 보이는 만델브로의 '줄리아 집합'이라고 한다. 이러한 프랙탈의 구조는 현미경으로 계속 확대해보아도 계속적으로 동일한 구조가 나타날 뿐이다. 프랙탈 기하학은 고전적 기하학에서와 달리 자기유사성의 구조로 인해 특정한 '크기'나 '축척'이 큰 영향을 미치지 않는다.

19. 프랙탈의 자기유사성과 구조생성

따라서 프랙탈 구조에 대한 이해를 통하여 우리는 불규칙하며 혼란스러워 보이는 현상을 보았을 때 배후에서 지배하는 규칙도 찾아낼 수 있게 되었다. 이제 프랙탈 구조는 혼란스러워 보이는 현상을 설명하는 새로운 언어로 등장하게 되었다. 프랙탈 기하학과 복잡계 과학은 내용상 밀접하나 프랙탈 기하학은 위상수학 분야에 속하여 논의된다. 그러나 복잡계 과학은 비선형적인 미분학에 더욱 가깝다고 볼 수 있다.

형태, 구조 및 크기에 있어서 차이를 보이지 않는 프랙탈 구조의 방법론은 미시적으로 보았을 때 각 구성 요소가 거시적 구조의 축소판으로 구성되어 있다. 그러나 그 요소들이 반복 증식될 때에는 비선형적이고 위상적 관계로 접속되면서 변곡점에서 위치를 알 수 없는 벡터로 펼쳐지게 된다. 그 때 형태는 급변하게 된다. 그 급변의 벡터들이 전체적인 거시적 시각으로 보면 다시 미시적 기본 요소들과 같은 형태로 연결된다. 이것이 프랙탈과 급변론의 연결지점으로 볼 수 있다.

– 프랙탈의 형태생성 방법

형태 창시자 (initiator)	최초의 기본적인 개념이 되는 단위
형태생성자 (form generator)	프랙탈 도형을 만드는 규칙이 주어졌을 때 생기는 기본형으로 이 생성자를 어떻게 반복하느냐에 따라 다른 프랙탈 도형이 얻어진다.
형태생성 알고리즘[9] (form-geneating algorithm)	1) 자기유사성(self-similarity): 자기유사성은 하나의 대상을 구성하는 작은 부분들이 그 대상의 큰 부분들과 유사한 의귀성을 말한다. 2) 스케일링(scaling): 형상 변화없이 크기가 변화하는 변형과정을 말한다. 3) 중첩(superposition): 스케일링에 의해 변형된 요소들이 서로 겹치고 엮여져 유사한 형태를 만들며 방향성을 가진다. 반복(repetition)과 점증(gradiation)의 효과를 갖기도 한다. 4) 그 외에도 Distortion이나 Deformation 등 다양한 방법을 이용해 여러 가지 종류의 프랙탈을 만들 수 있다.

프랙탈의 형태구성 특성은 미시적, 거시적 관점에서 모두 같은 구조인 패턴 안의 패턴으로 연결되는 자기유사성의 특성을 지니며, 그것은 예측적인 선형의 형태구성에 비해 요소들이 예외적으로 랜덤하게 비규칙적으로 증폭되며 성장함으로써 예측이 불가능하다. 따라서 무작위성이 중요한 특성이다.

표 11. 프랙탈 기하학의 생성 알고리즘

9) Carl Bovill, Fractal Geometry in Architecture and Design, 1996, p3

프랙탈은 자연의 비규칙적인 패턴을 형성하는 현상의 이면의 내재된 질서를 분석하는데 있어서 도움을 주고 있다. 프랙탈의 차원이 높을수록 질서에 대한 변화의 정도가 높아진다. 이것은 비선형적인 변화 즉, 급변론과 관계되며 라이프니츠의 접혀짐과 펼쳐짐의 주름이 상호이행하면 운동하는데 고등한 생물일수록 좀 더 다양하고 복잡하게 접혀져 있는 것과 유사하다. 프랙탈에서 보이는 국지적 노이즈 현상 역시 더 큰 거시적 측면에서 바라보면 노이즈들의 리듬을 만들며 질서를 보이는 것을 확인할 수 있다.
프랙탈의 형태구성의 대표적 특성에는 스케일링, 중합superimposition, 왜곡, 반복 등이 있는데 스케일링은 비선형적으로 같은 형태가 반복되면서 프랙탈 형태가 균형을 맞추며 조화를 이루어낸다. 벡터를 급변하며 만들어나가는 형태도 앞서 언급한 노이즈의 거시적 질서와 마찬가지로 더 큰 시점으로 보면 반복의 패턴을 확인할 수 있다. 만약 이러한 질서가 하나가 아니라 2개 이상의 질서가 내재하는 가운데 확장되면 좀 더 복합적인 혼돈 속 질서의 형태를 만들어 내게 된다.

–급변론

혼돈속에서 무언가의 형태를 촉발시키는 급변의 상황을 만들어내는 현상을 설명하는 급변론은 르네 톰이 주도적으로 연구를 진행했다. 그것은 에너지가 충만한 불연속의 점들이 분포되어 있는 구조인데 르네 톰은 불연속의 점들이 서로를 끌어들여 하나의 형태를 만들어 내는 수학적 모델을 제시했다. 그는 끌어들이는 과정을 통해 형태를 만들어내는 것을 '끌개'로 표현하고 있다. 이러한 사고를 바탕으로 그는 유기체의 형태의 변화과정과 생성은 모두가 기氣의 뭉침으로 말할 수 있는 급변과 불연속의 도입에 의해 나타난다고 주장한다.
이러한 문제의식을 바탕으로 연구를 진행했기 때문에 그의 이론은 생물체

20. 르네톰 초상

의 발생학과 밀접한 관련을 맺으며 적용되고 있다. 라이프니츠의 주름이 펼쳐지는 개념과 특이점이 방출되면서 새로운 형태로 자리를 잡아가고 구조적으로 안정화되는 과정은 분기에 의해 형태의 변이가 이루어짐을 의미한다. 구조적으로 안정하게 나타나는 형태는 불완전하면서 에너지가 충만한 상태에서 불안정한 요소들의 결합을 통해 다양한 벡터로 급변하는 형태가 만들어지는 순간으로부터 형성된다. 들뢰즈의 담론에서는 '특이점'의 내용이 이에 해당된다.

21

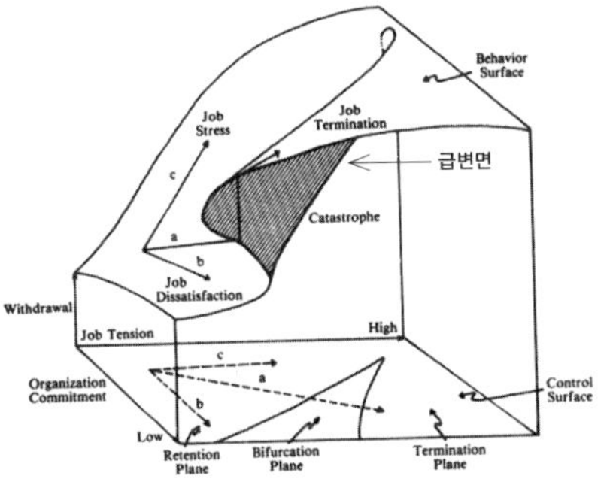

급변하는 특이점의 형태와 구조가 생성되는 과정을 살펴보자. 기氣가 뭉쳐 유기체가 되고 확산된 에너지가 충만한 상태에서 에너지를 흡수하여 구성 요소들이 이합집산하는 구조가 생성되기 시작한다. 이 구조들은 형태가 위상기하적 함수 관계로 촉발되어 점차 엔트로피가 낮은 상태로 이동하고 전이하여 하나의 형태로, 구조로 굳어진다. 여기서 균형을 이루는 복잡계의 형태 발생은 많은 힘들의 주름들이 펼쳐지면서 나타나는 결과물이다. 따라서 이러한 형태는 기존의 고정적 관념론에서 생각하는 데카르트적 좌표체계로 표현되는 고정적 형태 및 공간이 아니라 미분적 위상기하적 함수가 위상공간의 첨점에서 형성되는 변화와 운동의 형태이다. 따라서 급변의 에너지 속에서 정점의 변곡점에서 예측할 수 없는 벡터방향으로 꺾여지고 휘어

21. 급변론 다이어그램과 변이면

지면서 형태를 생성하게 된다. 이러한 미시적 관점의 다양한 형태와 구조는 점차 거시적 형태와 구조로 나아가게 되면 상호 연결되고 순환되고 안정화되며 미시적 구조가 거시적인 구조에도 연결되고 연속됨을 확인할 수 있다. 이처럼 카오스, 복잡계, 프랙탈, 급변론은 획일적인 주체와 객체와의 관계로는 설명할 수 없는 자연계의 형태생성과 공간생성의 현상들을 이해하고 그러한 논리에 따라 새롭게 받아들일 수 있는 방안을 마련해주고 있다는 점에서 시사적이다. 7권에서 살펴본 바와 같이 들뢰즈는 미적분학과 유전학을 참조하여 생기론적인 사유를 발전시켜 생성의 철학을 정립했고 현대철학과 조형분야에 지대한 영향을 끼쳤다. 들뢰즈가 만들어낸 개념인 '기관없는 신체'는 아직 분화가 이루어지지 않은 순수한 잠재성의 상태로서 미적분적인 것이 상호적인 관계들로부터 분기되어 생성되는 것이다. 이것은 세계는 하나의 알이라고 표현한 것과 발생학의 배아의 변화와 유사한 면모를 보이고 있다.

8006 들뢰즈의 운동과 생성 이론과의 관계

앞서 살펴본 프랙탈, 복잡계, 카오스 이론은 라이프니츠의 주름이 펼쳐지거나 기본적 질서를 만드는 구조가 자기유사성과 순환성의 특성을 가지고 자유로운 벡터로 창발하며 형태를 만들어 나가는 현상을 탐구한다. 마찬가지로 들뢰즈의 생성의 철학적 사유는 후기구조주의 사유의 중요한 부분으로 다양한 요소들이 관계를 맺으면서 변화되고 생성되는 것, 즉 주름이 펼쳐지고 다시 접혀지는 움직임 속에 나름의 규칙을 가지고 안정화되며 질서를 만들어가는 사유와 잘 연계된다. 특이성을 배부하거나 계열들을 붙잡고 포함하는 운동, 관계를 만들어 나가며 소통하는 운동, 펼쳐지는 운동 등이 주름의 운동으로 생각할 수 있다.

–잠재성과 현실화

들뢰즈의 존재론은 사건, 효과, 생성 등과 같은 움직임과 변화이며 잠재태와 현실태의 상호 순환작용과 이행과정을 사유한다. 이 순환과정은 서로를 기다리고 보완하면서 상호이행한다. 잠재태에서 현실태의 이행 과정은 세계의 삼라만상이 변화되어가는 양상의 논리이다. 이것은 자기유사성을 가지면서 내부적 질서속에 끊임없이 자기증식이 일어나는 프랙탈을 떠올리게 만든다. 다만 창발하며 형태가 생성될 때 다양한 벡터의 특이점들이 펼쳐지면서 다양한 방향으로 급변하며 전개되는 차이가 강조되고 있는 것이다. 앞서 언급한 세상 삼라만상의 변화와 경제의 변화, 물질의 변화가 모두 이러한 이론으로 설명이 가능하다.

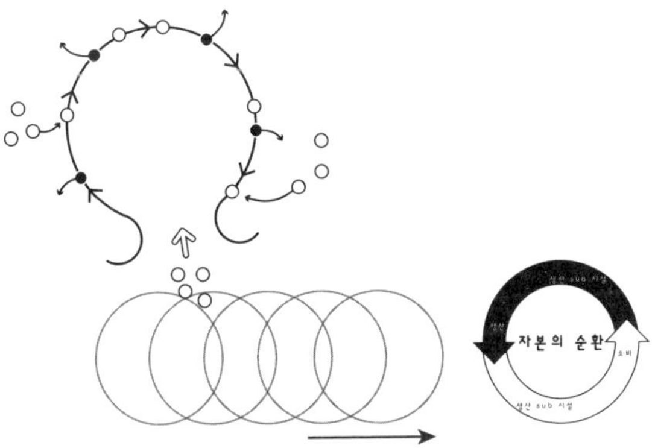

22

그 구조는 항상 열려있으면서 다양한 외적 변수들을 받아들이고 자체의 질서를 유지하면서 형태를 만들어간다. 들뢰즈에게 계열화되어 분류될 수 있는 무언가가 되면 이미 폐쇄적인 죽은 것이지만 현실화되는 과정에서 분기와 차이의 과정을 이루어 새로운 무언가가 되는 것은 창조의 과정을 거치는 것이고 살아있는 변화의 흐름이자 욕망의 흐름이다. 계속되는 차이가 반복, 증식되면서 전체적으로는 커다란 하나의 질서를 이루고 순환되는데, 이것

22. 자본의 순환과 순환과정

이 바로 들뢰즈가 세상의 변화를 사유한 방식이며 세상의 구성 원리와 형태 원리와 연계된다.
계속해서 변화해 나가는 것, 그것은 잠재성과 현실화의 관계가 끊임없이 계속되는 관계로 말할 수 있다. '기관 없는 신체'는 이렇게 탈주하여 탈지층화, 탈영토화되는 욕망의 흐름에 따른 재배치를 통해 생성이 촉발되는 것을 의미한다. 거대한 순환체계 속에 잠재적인 거대한 순환고리가 있고 세부적으로 살펴보면 잠재적 순환 속에 미시적인 부분의 또 다른 작은 잠재적인 순환이 각각 작용하고 있다. 그것은 앞서 살펴본 프랙탈 구조가 미시적인 구조에서 거시적인 구조로 동일하게 반복 증식되면서 자체적으로 자기유사성을 가지며 반복되고 있는 것을 설명할 수 있는 총체적 세계관이다.

이런 과정을 통해 만들어지는 들뢰즈가 개념화하는 '의미'는 이성의 역사가 만들어 왔던 전통적인 이분법적인 문법적 관계에서 생성되는 문장과 같은 의미와는 다르다. 그것은 열린 관계에서 자유롭게 많은 것들이 연결되고 접속됨을 통해서 차이를 만들어 나가면서 만들어지는 새로운 의미를 가리킨다. 배아가 형태를 잡기 시작하면서 함입되는 과정은 '뫼비우스의 띠'나 '고르고디우스의 매듭'을 생각나게 한다. 세포가 분열하고 새로운 기능이 생성되면서 기능이 점차 분화되는 과정은 씨앗에서 혹은 모나드에서 주름이 펼쳐지는 과정을 설명할 수 있는 은유가 되고 있다. 결국 모든 것은 물질화되면서 형태와 관련을 맺게 된다. 건축에서는 바깥이나 안쪽을 주름짓는 것, 다양한 영역이나 프로그램이 공간적으로 상호관통하고 위상적 연산으로 결합 및 분기되어 형태와 공간이 구성된다. 욕망이 구체화되어 현실화되는 것은 결국 욕망이 발현되어 비대칭적인 형태가 발생하고 현실화되면서 안정화되어 질서가 생기도록 이행하는 과정이다. 그러나 그 과정은 이음매 없이 seamless 계속되어 욕망이 발현되고 끊임없는 상호 이행이 이루어진다. 이를 통해 변화와 운동이 지속된다.

건축분야에서 다이어그램은 수업에서 실체가 없는 프로그램들이 상호 역학적 힘의 관계에서 자신들 만의 질서를 찾아가도록 하면서 건축적으로 최적화되고 안정화된 힘의 관계를 현실화시킬 수 있도록 만들어준다. 많은 정보들이 시각화되고 그것이 복잡한 상관관계 속에서 힘의 역학관계로 인해 제자리를 찾게 된다. 이 과정에서 자신의 질서를 만들어 내고 그것이 균형을 이루는 상태에서 형태로, 공간으로 자리를 잡아가도록 문제해결을 이끌어 내는 과정이 설계과정이 발전하고 있다.

8007 들뢰즈의 한계와 새로운 시대의 사유

프랑스 현대철학과 문화는 우리나라에서 자유와 저항을 추구했던 문화계층과 지식인 계층에게 대안적인 흐름으로 작용했다. 또한 선진문화에 대한 갈망으로도 작용했다. 군사정권시기에 적극적으로 노동운동 및 저항에 가담한 부류가 있었던 반면, 사상적으로 상대적으로 좌파적인 흐름이었던 프랑스 철학과 문화를 받아들이며 소극적인 정신계의 저항을 추구한 부류가 있었다. 이러한 흐름은 프랑스문화를 단순히 소비한 측면이 강하다는 비판, 즉 브띠 부르주아Petit-bourgeois 9-2) 행태의 또 다른 변형이라는 비판도 있다. 그러나 프랑스 현대철학과 들뢰즈의 담론 및 후기구조주의 계열의 담론들은 이성적이고 권위적이고 보편적인 것에 가치를 부여했던 것에 반기를 들고 기득권세력의 부조리에 대한 저항을 상징하며 정신계에 강력한 영향을 끼쳤다. 프랑스의 68세대들이 거쳤던 부조리에 대한 저항과 혁명의 역사가 녹아 있으며 이성적으로 보편적인 것에만 높은 가치를 부여해온 근대성을 전복시킴으로써 자유와 해방감을 쟁취하고자 했던 측면이 있다.

그동안 프랑스 철학은 정신계에서 미국의 문화제국주의적 성향에 맞서 다양한 분야에서 아방가르드적인 활동을 통해 대안적 움직임을 만들게 했던 역할을 수행해왔다. 특히 프랑스 철학은 조형 및 예술에 많은 영향을 끼쳤으며 전위로서의 역할을 했다. 그러나 그러한 전위는 한편으로는 빠르게 자본의 순환주기로 흡수되어 변질되기도 했다. 이러한 특성을 가지고 있는 프랑스 철학과 들뢰즈 철학의 흐름에서 일정부분 이러한 측면을 보완하고자 하는 움직임이 나오게 된 것은 자연스러운 일이라고 할 것이다.

기득권과 기존 정치권력으로부터 탈주하고자 하는 좌파적 성향이 강한 이

9-2) 원래 18세기와 19세기 초기의 한 사회 계급을 가리키던 프랑스 단어. 현재는 부르주아지와 프롤레타리아트의 중간 계급의 의미로 사용된다. 작은 부르주아(소시민)라는 말 그대로, 대개 화이트칼라 직종에 종사하는 중산층 시민을 뜻하며 부르조아적인 사고 관념과 생활양식을 가지고 있는 것으로 오늘날에는 사회 문제에 참여하려 하지 않고, 자기 보신만을 추구하는 계층이라는 뜻의 경멸적인 뜻으로 쓰이는 경우가 많다.

들의 철학에는 모순의 상황이 존재한다. 기존의 권력이 억압적이지 않고 민주적 담론에 의한 바람직한 생산자일 때 저항의 속성이 있는 좌파적 행위를 어떻게 끌고 가야할 것이 문제가 된다. 거기에는 권력의 억압적 속성이 존재해야만 탈주가 가능하다는 역설이 존재한다. 그렇게 되면 투쟁의 대상 자체가 모호하게 되는 혼란에 빠질 수 있는데, 이는 결국 상대적인 존재가 중요하다는 결론이 도출된다. 노자가 이야기하는 서로가 서로를 기다리고 인정하여야 하는 형국인 것이다. 동시에 상호작용과 이행속에 변화와 움직임이 존재한다는 들뢰즈의 사유와 주장이 힘을 얻게 된다. 시스템속의 통제는 투쟁해야 할 대상화가 된 권력이 아니라 서로 연결되어 일정부분 자유의 공간과 여지를 부여하는 시민과 주체로의 관계가 이미 성립되어 있다. 전복하고자 하는 아방가르드적 투사와 계속해서 권력을 부여하고자 하는 권력자의 모습은 둘이 아니라 바람직한(혹은 개익되는) 변화와 움직임을 위한 조건이라고 할 수 있다.

알랭 바디우는 들뢰즈와 같은 대학 철학과 교수이고 여러 가지 측면에서 들뢰즈와 날카로운 대립각을 세운 철학으로 학계에서 새로운 사유를 정립한 것으로 인정받는 철학자이다. 플라톤을 전복시키고자 했고 전통적인 관념론 자체를 비판했던 들뢰즈와는 달리 바디우는 플라톤을 다시 복권시키고 기존의 질서를 인정하는 가운데 대중으로부터 나오는 새로운 흐름과 질서를 만들고 있다. 들뢰즈의 욕망은 존재의 역동적인 '생명의 힘'이다. 근대적 주체를 거부하고 상징을 거부하는 생성의 표현은 기본적으로 생기론적 사유이다. 이와는 달리 새로운 사유의 흐름을 이끌고 있는 또 한명의 철학자 지젝의 사유는 현실과 실재, 대상과 욕망 사이의 틈새가 존재하며 그 사이를 메꿀 수 있는 욕망에 대해서 사유한다. 즉, 차이를 보편화하는 텅 빈 보편성의 새로운 형식화의 길을 사유한다.

들뢰즈적 관점이 좌파적 경향에서는 탈주와 저항을 상징하지만 동시에 우파에게는 최대한의 자유에 입각한 신자유주의적 속성을 의미할 수도 있다.

2009년 서브프라임 모기지 사태를 통해 무한정의 금융적 자유가 일정부분 사회적 질서를 통해 새롭게 정비될 필요가 있음을 인식하게 되면서 새로운 사유가 요구되고 있다. 바디우의 사유는 일정부분 사회적 개입을 통한 정치적 사유를 통해 새로운 정치적 진리생산을 주장한다. 그런 측면에서 기존의 사유 역시 접목하면서 플라톤을 복권하며 변형시키는 새로운 대안적 사유로 받아들여지고 있는 것이다. 그동안 그는 활발하게 변화와 움직임을 사유했고 그 사유를 통해 세기말의 세계상을 이해하는데 적합한 사유였으나 현재의 세계관은 계속해서 이것을 극복하고 더 진화한 철학적 세계관을 요구하고 있기 때문이다.

8008 알랭 바디우의 철학의 입장과 주요 개념

알랭 바디우는 후기구조주의의 연장선상에 있으면서 들뢰즈의 사유와 관련이 있지만 다른 점이 많이 있다. 들뢰즈 사유가 바디우 사유의 출발점이 된 부분이 많다. 그의 사유는 현대철학의 흐름에서 매우 중요한 위상을 가지고 있으며 향후 건축디자인에 있어서도 현대성을 이해하고 반영하는데 중요한 위치를 점하고 있다.

들뢰즈는 플라톤의 전통적 관념론을 전복시키고자 하는 의도로 이데아와 모사copy의 관계로는 설명하기 힘든 '시뮬라크르'의 개념을 중시했다. 운동과 변화와 사건 및 생성을 사유했던 들뢰즈와는 달리 바디우는 플라톤을 복권시키고자 한다. 바디우의 사유는 들뢰즈의 사유를 많이 언급하면서 자신의 생각을 전개시켜나간다는 점에서 일정 부분 들뢰즈에게 기대고 있지만 그의 사유는 무조건적인 변화와 움직임, 생성을 사유한다기 보다는 차이와 다양성을 껴안은 가운데 플라톤의 이데아와 같은 '진리'와 '주체'를 도입하고 그것을 통해 새로운 질서를 사유한다는 점에서 생기론의 사유와는 차이가 있다. 그것은 세기말을 지나 오늘날 새로운 세기에 맞는 새로운 질서의 사유가 필요한 시점에서 적절한 대응이라고 볼 수 있다. 전통적 형이상학과는 달리 그의 사유는 수목적 사유의 탑다운top-down 방식보다는 철저히 상향식bottom-up의 움직임과 사유를 통해 이면의 진리와 민주적 절차의 실현을 사유한다.[9-3)]

그의 이론은 신을 부정하고 무한을 세속화하는 칸토르의 현대 집합론(수학)을 사유의 출발점으로 하고 있다. 그는 전통적인 철학의 관념론에서 중시했던 요소들을 여전히 중시하면서 현대철학에서의 변화와 흐름의 요소들을 접목하고자 하는 존재론으로 인해 전통철학과 생기론의 계보의 입장에 있는 철학자들에게 동시에 공격을 받고 있다. 바디우는 진리와 주체를 포기하지 않았으며 정치에 대한 사유를 끊임없이 추구해왔다.

바디우는 알튀세르의 제자로서 68년 이후 마오주의에 영향을 받은 사상가로 활동하다가 70년대 말에 마오의 사상에서 벗어나 새로운 정치적 존재론을 주장한다. 전통적 철학이 형이상학에 의한 거대남론과 시스템을 만드는 것이라고 한다면, 이와는 반대편에 있는 생기론의 계보에 해당되는 사유는 변화와 움직임을 통해 기존 구조로는 사유하기 힘들고 무시되고 억압되었던 것들이 자유롭게 결합되며 드러나거나 그 구조를 허물어뜨리며 새롭게 생성되는 것에 의미를 두고 있다. 그러한 흐름의 연장선상에 있는 바디우는 '정치'에 집중한다. 그는 현대철학이 양차 세계대전의 전체주의적 방향성 때문에 철학과 정치적인 연결에 의도적으로 공포를 가지고 있었으며 지적하며 책임을 방기했음을 폭로하고 반성하면서 새로운 정치철학의 사유가 필요함을 주장한다. 그는 이성의 명암(이 시리즈 1, 2권의 내용) 이후, 인류의 역사에 오점을 남긴 전체주의적 역사관과 정치철학을 비판하면서 동시에 혁신할 수 있는 방향성을 세우는데 고심한다.

그는 '칸토르'의 현대집합론(다수의 시민을 의미)의 개념에서 도입한 존재의 틈으로부터 발현되어 기존 질서와 법칙성을 파괴하는 사건에 대해서 사유한다. 그의 사유는 다수를 이루는 대중의 염원을 받아들이면서 만들어내고 파괴하는 지식과 진리의 추구를 반영하고 있디. 그에세 신리는 과학적,

9-3) 전체를 먼저보고 큰시각의 수준에서 생각해서 내려오는 방식과 가장 작은 수준에서 시작해서 넓혀가는 이원적인 방식이다. Bottom Up 방식은 논점을 명확히 한 후에 그와 관련된 사실을 수집하고, 논점이 명확한 상태에서 정보수집과 집약을 통해 핵심 메시지와 결론을 도출하여 검증하는 방식이다. 이와 달리 Top Down 방식은 먼저 결론의 가설을 만들어 두고 다운 방식 전개 우선, 논점을 명확히 하며 일반론, 기존의 경험으로부터 가설을 도출한다. 이때 가설의 틀에 따라 정보를 수집하고 검증하여 가설을 다시 수정한다.

객관적, 논리적인 것이 아니라 기존의 지식체계에서는 말할 수 없는 것 혹은 드러나지 않았던 것(공백-무성격한 다수 지칭)이 기존의 지식체계를 파괴하면서 뚫고 나오는 새로운 것이며 기존의 법칙성에서 포함시키지 못했던 것을 드러내게 하는 '보충'의 개념이다. 그런 점에서 그의 사유는 충실하게 후기구조주의적 관점의 사유를 하고 있다고 볼 수 있다.

그는 근대의 주체를 인정하지 않는다. 무성격한 집합으로 존재하는 다수(대중) 가운데 '사건'이 발생하고 그 사건을 통해 후대에 영향을 끼치는 충실성이 생기며 그 가운데 주체가 발생한다. 무언가 돌발적으로 '사건'이 발생했다는 것은 무언가 기존의 '지식체계' 즉, '질서체계'에서는 파악되지 않거나 용인되지 않는 것이 벌어진 것이다. 이를 통해 많은 사람들이 그 사건으로 인해 영향을 받고 시발점이 되어 실천(행동)함으로써 기존의 질서와 지식을 바꾸었다면 그것이 바로 진리가 새롭게 자리잡게 되는 것이다. 이를 가리켜 **'후사건적後事件的 실천'**을 통해 진리는 상황에 도래하고 자리잡게 된다고 이야기한다.

그는 기존의 주체와 달리, 많은 개체가 있는 집합적 '다수'多數로부터 무언가의 사건이 일어난다고 가정한다. 그리고 그것이 그 집합(다수)개체들에게 영향을 일으켜 감화시키고 행동을 촉발시켜 기존 지식체계(질서체계)를 파괴하게 된다. 이후 새롭게 정립된 무언가를 실천하고 일상생활에서 정신과 행동으로 남도록 만드는 '무언가'가 있다면 그것이 바로 '출현하는 주체'이다. 이 지점에서 우리는 기존의 체계에서는 용인되기 힘든 것(억압, 무시되는 대중)이 드러나는 것에 집중하고 있다는 점에서 그의 철학이 후기구조주의적 특성을 지니고 있음을 확인할 수 있다. 사건이 발생하고 그 사건으로 감화받은 다수에 속하는 각 개체가 실천을 통해 현 상황에 지배적인 기존 질서를 파괴하고 새로운 질서(지식체계)를 만들게 된다면 그것은 새로운 구조를 만든 것이므로, 이것 역시 후기구조주의적인 새로운 구조이다.

바디우의 존재론이 특이한 것은 그가 존재를 다수로 판단하고 있다는 점에 있다. 전통적인 근대철학에서는 존재를 일자와 다자의 관계, 주체와 객체와의 관계로 대상화시켜 사유한다. 그러나 거기에는 규정하더라도 규정되는 것 이외의 억압되거나 무시되거나 드러나지 않은 부분이 있기 마련이다. 바디우의 존재론은 다수성에 근거하므로 뭉뚱그려 대상화시켜 무언가를 지칭하고 정의하거나 재단하여 판단하고자 하는 것을 근본적으로 부정한다. 국가는 항상 자신의 권력을 적용할 때 개인을 하나의 대상으로 규정하여 법을 적용하고 그에 적절한 대우와 처분을 하게 된다. 이른바 대상화된 시각이다. 사건은 이렇게 대상화되고 억압된 시각과 체계로는 설명하기 힘든 이면의 상황으로부터 촉발된다.

바디우가 생각하는 '주체'는 존재로부터 나오고 그 존재의 진리를 실천함으로써 진리의 일부가 된다. 진리가 많은 사람들에게 영향을 미치게 되고 그것이 사건을 통해 드러나며 기존 질서에서 용인되거나 이해되지 않는 것이 받아들여지고 많은 사람들에게 실천하도록 한다면 진리를 실천함으로써 진리의 일부가 되는 새로운 지식체계가 되는 것이다. 바디우는 이렇게 진리가 발생하는 영역을 정치, 과학, 예술, 사랑 등에서 나온다고 보았다.[9-4] 중세시대에는 신학이 시대를 이끌어가는 진리를 생산하는데 있어서 가장 유력한 분야였다. 그러나 오늘날 유럽에서 신학의 지위와 영향력은 극도로 쇠퇴하면서 그 기능을 상실한 것으로 바디우는 간주한다.

결국, 바디우는 이데아와 같은 무언가 진리가 존재함을 인정함으로써 플라톤주의를 복권하고 있으며 동시에 플라톤주의를 전복하고자 하는 생기론적 계보의 사유, 특히 들뢰즈의 사유 역시 일정부분 비판적으로 수용하며 접목시키고 있다.

68혁명은 제도권 및 의회주의에 반대하는 움직임이었으며 기존체제에서 보여지는 국가적 장치로부터 벌어지는 요소들을 거부하며 새로운 대안적 정치체제를 요구하는 운동이었다. 어떠한 특성의 '집단'을 중심으로 하여 벌어지는 정치는 이미 대상화된 관계속에 있는 불완전한 것이다. 그것은 그

9-4) 사랑은 전혀 다른 콘텍스트의 두 사람이 만나 사랑하게 되면서 이전의 모습과는 전혀 다른 새로운 하나로 다시 태어나고 두사람만의 새로운 생활방식, 사고방식의 충실성이 남게되는 것이다. 그 가운데 두 사람만의 지식파괴, 진리파괴의 과정이 진행된다.

집단의 시각으로 세상을 판단하고 질서를 세운 것에 다수를 끼워맞추려고 하기 때문이다. 만인의 민주주의라는 보편성을 추구한다. 계급이나 특정집단으로 지칭되는 정치는 이미 정체성을 가진 대상화된 사유로부터 나온 불완전한 것이고 극복해야할 대상이다. 그는 평등과 정의의 대원칙을 통해 개입하고 실천하여 주체가 드러나고 진리가 생산되는 과정을 거쳐야 함을 역설한다. 대원칙은 변화와 움직임 이면에 변함없이 존재하는 진리가 있음을 전제한다. 바디우가 강조하는 '용기'를 통한 주체의 드러남과 실천적 진리의 추구가 그가 생각하는 정치적 해결방식이라고 볼 수 있다.

–바디우의 진리생산절차

바디우의 존재론에서는 다음의 두 문장이 매우 중요하다.

'진리는 지식에 구멍을 뚫는 것이다.'와 **'사건은 일자(一者)와 공백 사이에 있는 것이다.'**가 그것이다.

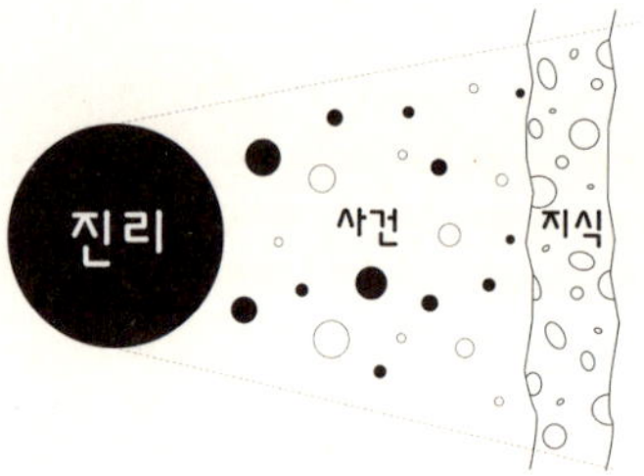

23

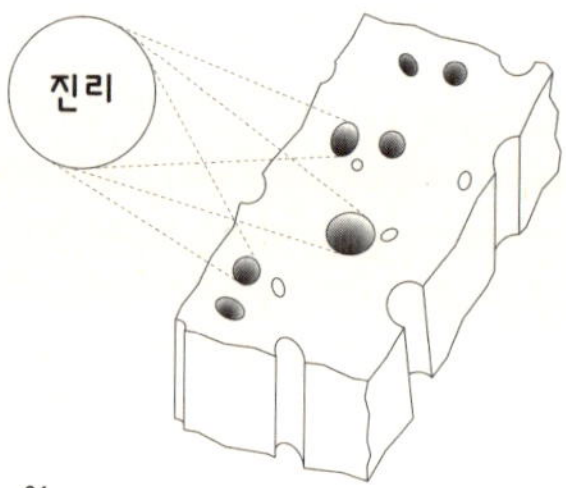

24

바디우의 사유에서는 들뢰즈와는 달리 '사건이 일어났을 때 지식이 파괴'된다고 주장한다. 다른 말로 하면 지식을 파괴하면서 진리가 비로소 드러나게 된다는 의미이다. 들뢰즈에게 있어서 사건이란 발생하고 변화와 운동을 만들어가면서 생성을 일으키는 존재론이었다. 운동에 근거한 사유는 계속적인 변화와 새로운 분기의 요소들이 핵심이다. 그러나 바디우의 사유에서는 기존의 구조를 파괴하는 혁명적인 운동 요소를 인정하나 그것의 외적인 구

23. 사건을 통한 진리의 파괴
24. 지식에 구멍을 뚫는 작용을 하는 진리

조적 요소와 체계가 우선적으로 존재하고 있음에 더욱 주목한다. 그것을 바디우는 진리로 보았고 진리가 존재하며 그것이 사건을 통해 다수의 해석을 유발하고 감화받고 실행하는 가운데 기존의 지식체계를 파괴하며 진리가 도입되는 것을 사유한다.

[25]

바디우 입장에서 진리는 이러한 체계 내에서의 지식체계를 말한다. 바디우에게 사건은 돌발적으로 나타나는 것이다. 사건은 다수(많은 사람들)가 그 사건에 대해서 해석하고 개입함으로써 '사건'으로 성립한다. 사건은 이렇게 성립되고 회자되기 시작한다. 그러나 많은 사건이 존재하지만 모든 사건이 뉴스나 신문에 오르는 것이 아닌 것과 바찬가지로 사건은 많은 사람들의 실존에 영향력을 주는 것이어야 한다. 많은 사람들(다수)에 영향을 주고 관심을 갖게 되는 것, 혹은 사회의 억압적인 부분이 돌출되어 많은 사람들의 관심과 공감을 얻을 수 있고 변화의 필요성을 느끼게 되는 것, 그것이 사건으로서 중요하다. 그래서 우리는 사건의 돌발과 사건의 효과에 집중해야 한다.

진리 자체는 이데아와 같이 계속해서 존재하고 있으며 진리에 따라 제도 및 질서와 지식(구조)이 형성되어 있지만 그것은 완전한 것이 아니다. 진리는 사건을 통해 지식에 구멍을 뚫는다. 이것은 새로 재편한다는 의미이다. '정의'라는 진리가 존재하지만 그것을 실행하는 법체계에 있어서는 항상 부족함이 존재한다. 그러한 부족함과 불완전함은 '사건'을 통해 개정되고 변화시키면서 정의라는 진리가 드러나도록 만든다. 그것은 끊임없이 변화되며 조정되는 것과 마찬가지이다. 법정영화를 보면 우선 법체계의 모순으로 고통받는 서민이 있고 그것에 울분을 느낀 선량한 법조인이 영웅적 행동으로 외로운 투쟁을 계속하여 여론을 환기시키고 끝내 그 법체계를 바꾸는데 공을

25. 사건을 통한 지식의 파괴현상

세우게 되면 부족했던 지식체계를 파괴하고 새로운 진리를 만들게 된다.[9-3]

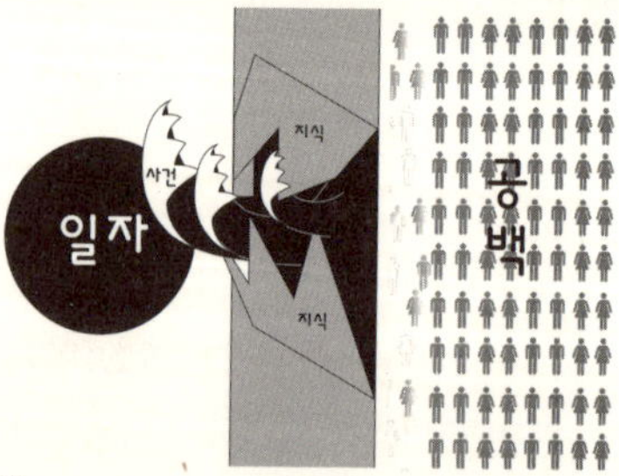

26

그러면서 주체가 생성된다. 우리가 흔히 알고 있는 바디우적 전개방향이다.

그래서 바디우의 사건은 초월적으로 도래된 것(던져진 것)이 아니다. 그 자체 내에 내포되어 있는 것에서 나온 것이다. 이런 점에서 그는 '사건은 일자一者와 공백 사이에 있다.' 라는 표현을 쓰고 있다. 이것은 다수의 존재들과 공백 사이에서 사건이 돌출되며 진정한 주체는 다수가 사건을 해석하고 개입되면서 그 사건에 의해 변화된 생활이나 의미가 계속적으로 현실생활과 실존에 영향을 끼치게 된다. 이 과정에서 주체가 형성되고 기존의 지식(질서)를 파괴하면서 진리가 도출된다. 사건은 그것을 사건이라고 중요한 것으로 여기고 간주하는 다수(많은 사람들)의 해석이 전제되어야 한다. 그리고 중요한 사건은 많은 사람들의 현실생활에 직, 간접적으로 영향을 끼치게 마련이다. 그리고 중요한 사건 이후에는 그 사건으로 인해 변화된 요소들이 생활속에 작용하여 계속적으로 영향을 미치는 현상이 지속된다. 혁명이 일어나고 새로운 정권이 들어서서 새로운 시대가 되어 새로운 정책과 새로운 사상으로 이전과는 전혀 다른 신념과 마음가짐으로 생활을 하게 되는 것을 그러한 측면으로 이해할 수 있을 것이다.

27

26. 일자와 공백 사이의 사건
27. 사건을 통한 충실성의 전파

9-3) 톰 크루즈와 잭 니콜슨 주연의 영화, '어 퓨 굿맨'은 군 내부의 잘못된 암묵적인 관습(code)과 이를 묵인하고 강조하는 지휘관과 법조인과의 의미있는 싸움을 통해 기존의 체계를 파괴하는 상황을 잘 보여주고 있다.

진리가 되기 위해서는 최초의 사건들에 대한 '충실성'이 필요하다. 충실성이란 한 상황 속에서 자신의 실존을 사건적 다수의 통용(유통)에 의존하는 다수를 식별해내는 절차의 총체적으로 말하는 것이다. 다수의 개입을 통해 한 상황 속에서 사건의 이름이 유통되고, 이 유통되는 사건의 이름에 다수의 실존이 걸려있을 때 이 다수를 식별하는 절차가 바로 충실성의 공정이다.[10]

28

충실성은 사건의 최초의 개입 이후에 또다시 나타나게 된다. 이 문장이 중요하지만 처음 접하게 되면 이해하기 힘든 면이 있다. 사건이라는 것은 한 사람이 중요하다고 생각해서 되는 것이 아니라 수 없이 많은 사람들이 자신마다 해석이 깃들여질 만큼의 중대한 사안이 되고 많은 사람들이 개입되면서 의미를 가지게 되고 비로소 '사건'으로서 일반에게 유통될 수 있다. 뉴스에서 중대한 사안으로 발표될 수 있는 사건일 때 비로소 유통될 수 있고 많은 사람들에게 언급될 수 있을 것이다. 또한 사건은 단순히 일상생활에서 개인적 차원으로 끝나는 사건이 아니라 일반인들의 삶에 직간접적으로 영향을 주고받게 되고 그것이 실생활에서 영향력을 주고받게 되는 비교적 중차대한 것을 의미한다.

28. 사건을 통한 충실성의 전파
10) 알랭 바디우, 들뢰즈 - 존재의 함성, 박정태 역, 이학사, 2001, p307인용

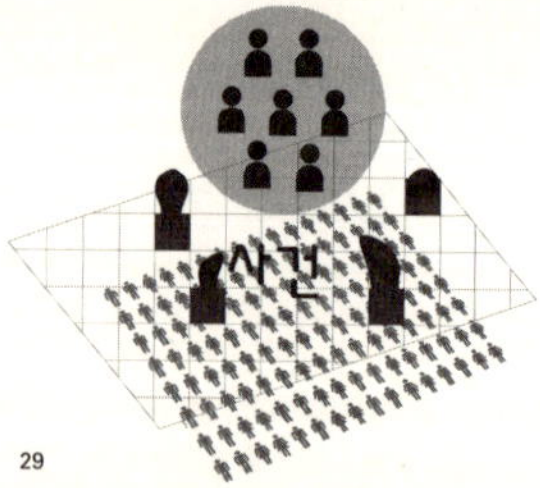

29

충실성은 특수하다. 그것은 사건에 의존한다.[11] 이 의미는 무엇일까? 일단 진리가 생산되기 위해서는 최초의 사건이 필요하다. 주체가 갖는 특성이 바로 충실성이고 이것이 최초의 사건으로 회귀한다. 어째서 회귀하게 되는 것일까? 진리는 상황에 부과하기 위한 것이다. 사건은 잠시 나타났다가 눈앞에서 사라지지만 남는 것은 주체속의 진실성이다. 다수의 마음속에 사건의 파장이 남게 될 것이다. 그 사건의 영향력에 따라서 다수의 행동과 의식이 변화되고 그에 따라 실천하는 무언가가 있을 때 주체가 형성되고 기존의 지식체계가 파괴된다. 따라서 주체는 진리를 상황에 강제한다.

30

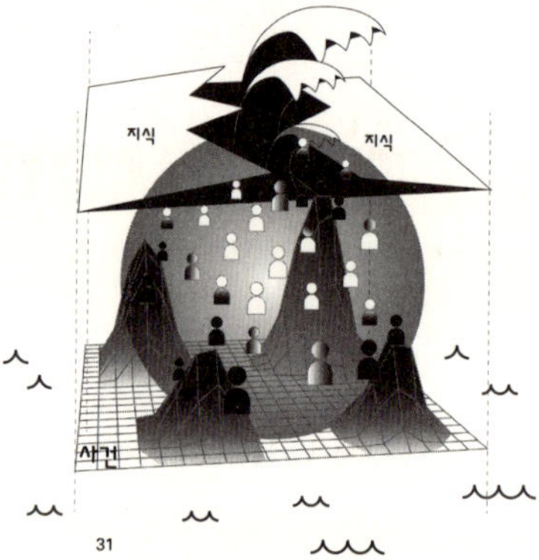

31

앞의 그림은 카오스의 바다 위에 있는 구조에서 어떠한 사건이 돌발적으로 발생하고 그 사건에 의해 많은 사람들의 해석과 개입이 이루어지면서 주체가 형성되는 과정을 보여준다. 앞의 그림은 진리가 도출되면서 기존의 지식을 깨고 새로운 질서를 만들어가는 과정을 도식화한 것이다. 진리는 존재하

11) 알랭 바디우, 존재와 사건, 조형준 역, 새물결, 2013, p382
29. 사건을 통한 다수의 떠오름
30. 카오스의 구조를 깨는 사건
31. 사건을 통한 지식의 파괴

며 진리는 계속해서 밝은 섬광을 내며 X-ray와 같이 지식체계에 구멍을 내어 투과하여 나오려고 한다.

–바디우의 주체

바디우의 존재론은 후기구조주의의 사유의 연장선상에서 기존의 전통적인 존재론과 주체론을 벗어나 사유하려고 한다. 특히 들뢰즈의 사유를 비판하면서 들뢰즈 존재론의 약한 부분을 공격한다. 바디우의 주체는 일반적인 개인이 아니다. 그의 주체개념은 사건을 통해 무언가가 만들어지고 그것의 작용을 통해 계속적인 영향을 주는 충실성을 통해 사건의 영향과 지속성을 줄 수 있는 개인이 주체이다.

32

바디우에게 있어서 예술적 사건의 작품의 주체는 작품을 만들어낸 예술가가 아니라 예술작품이다. 처음 이러한 문장을 접하면 주체가 사람이 아닌 물질로 이루어진 작품이라는 개념에 황당하게 느껴질 것이다. 그러나 바디우의 '충실성'이라는 개념을 생각했을 때에는 당연한 결과이다. 만약 한 예술가가 예술사조의 흐름을 변화시킬 수 있는 정도로 예술사에 길이 남을 만한 명작을 만들었다고 가정한다면 예술가를 통해 만들어진 그 작품은 계속해서 남게 되고 지속적으로 예술계 및 인간세계에 영향력을 미치게 된다. 예술가는 죽게 되면 육신은 현실세계에서는 사라져서 보이지 않지만 예술가의 혼이 깃든 하나의 '사건'으로 존재하는 예술작품을 통해 그 영향력이

32. 예술품의 주체현상

후세의 다수에게 계속 지속되는 '충실성'이 형성된다. 그래서 주체는 대상과의 관련성 속에서 나오는 것이 아니라(지식) 사건속에서 진리와 함께 떠오른다.(대상없는 주체) 존재와 주체는 하나의 동일성이 되는 주체가 된다. 건축적으로 생각해보자. 르 꼬르뷔지에는 타계했지만 그의 건축물은 여전히 인류사에 중요한 건축물로 보존되고 있다. 빌라 사보아나 라 툴레트 수도원의 예배당을 상기해보자. 그의 건축물에서는 당시의 시대정신과 에너지가 여전히 강력하게 뿜어져 나오고 있다. 후대의 건축인들과 일반인들에게 그의 시대정신, 개념 등은 여전히 현재진행형이다. 따라서 그는 타계했지만 그의 정신적 유산은 일상생활과 건축물, 공간에 활발하게 적용되어 면면히 흐르고 있다. 그의 작품은 현대건축에 커다란 영향을 준 드문 '주체'가 된 것이다.

바디우가 생각하는 주체의 특성은 다음과 같다.
우선, 주체는 사건을 통해 다수의 해석과 개입을 통해 만들어지는 '과정' 중에 생기며 그것은 '충실성'이 작용해서 만들어지는 결과이다.(따라서 '주체'는 사건이 끝난 다음 판단이 가능할 뿐이다) 그래서 바디우가 생각하는 주체는 '충실성'과 동등한 의미를 가지게 된다. 바디우의 주체는 사건이 일어나고 다수의 실천과 충실성을 통해 도출되므로 사건이 돌발적으로 드러나기 전에는 먼저 인식할 수 없다는 특성이 있다. 그래서 바디우의 주체는 '사건'을 필요로 한다.
바디우가 생각하는 '주체'는 죽음으로 향하는 신체를 가지고 있는 인간적 특성과는 관련이 없는 것이다. 어떤 사건을 통해 다수의 충실성이 생성되며

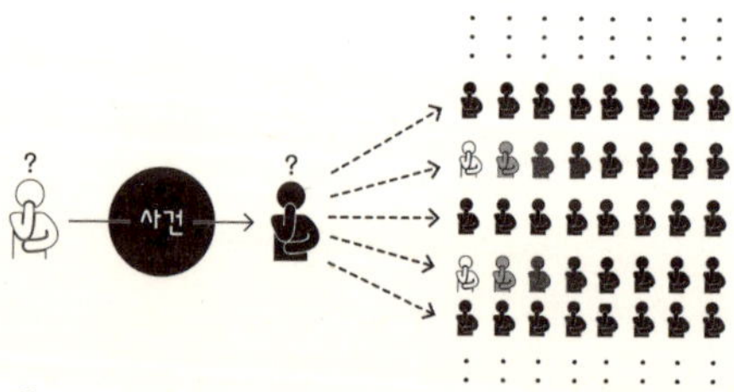

33

33. 사건을 통한 주체의 드문 생성

주체가 도출되면 주체는 영원한 존재가 된다. 예를 들어보자. 전태일[12]이 "노동법을 준수하라!" 라는 외침과 함께 분신자살을 했던 사건이 발생하고 이를 통해 많은 사람들이 개입되어 그 사건을 해석하고(담론화시키고) 행동을 촉발시켰다. 이후 청계피복노동조합이 창설되고 노사관계자들에게 노동시간 및 노동조건이 향상시킬 필요성에 대해 환기하면서 변화의 행위를 촉발시키는 충실성을 만들게 되었을 때, 그리고 그러한 개념이 지속적으로 사회에 정착되며 유지될 때 비로소 전태일이라는 '주체'가 생성되고 그 상징적 행위는 영원한 생명을 갖게 된다. 전태일이라는 주체를 통해 정당한 노동에 대한 '진리'가 드러난 것이다. 부산시민이 열광적으로 야구를 사랑하는 이유는 '최동원'[13]이라는 불세출의 투수가 만들어 냈던 명승부가 있었기 때문이다. 그의 승부정신은 부산을 야구의 도시로 만들었다. 최동원은 타계했지만 그의 야구사랑과 그를 사랑했던 부산시민이라는 다수에게 야구의 충실성을 가지고 관심을 지속하는 원동력이 되었다. 최동원은 부산시민들에게 영원한 '존재', '드문 주체'가 되었다.

이처럼 바디우의 주체는 '사건'이 없으면 단독으로 존재하거나 드러날 수 없다. 주체가 드러나고 만들어지기 위해 사건을 전제하는 것이다. 이처럼 바디우에게 주체는 생각하고 있는 사람들이 주체가 아니다. 영웅적 사건을 주도한 어떤 '존재'를 통해 다수의 해석과 개입이 이루어진다. 그리고 그 사건을 통해 주체가 생성되면서 새로운 충실성이 지속되고 세상을 변화시킬 수 있다. 그래서 주체는 기존의 지식체계, 질서를 파괴하며 새롭게 만들어나가는 것이므로 우연에 의해서 나오는 것이며 드물게 출현하는 것이다. 그것은 혁명이나 드문 사건으로 인해 세계에 영향력을 미치는 정치적, 혁명적, 예술적 욕망 등을 사유할 수 있는 틀을 만들었다고 말할 수 있다.
바디우는 앞서 언급한 것을 통해 자신만의 독특한 존재론을 전개하는데 사건을 통해 떠오르는 주체는 충실성을 통해 기존 지식을 파괴하면서 진리를

12) 전태일(1948-1970)은 한국의 노동운동을 대표하는 상징적인 인물이다. 청계천에서 봉제노동자로 일하면서 열악한 노동조건 개선을 위해 노력했지만 절망적 상황이 지속되었다. 1970년 11월 노동자는 기계가 아니라고 외치며 분신했다. 이 사건은 한국사회에 전방위적인 파장을 일으켰고 반성과 변화의 계기가 되었다. 그의 죽음은 한국노동자들의 처우개선에 큰 계기가 되었고 노동운동의 발전의 상징이 되었다.

13) 한국의 야구선수 최동원(1958-2011)은 프로야구가 태동한 1980년대 초기 프로야구의 최고 투수로 선동열과 라이벌이었다. 독특한 투구폼과 강속구와 낙차 큰 커브가 주무기였으며 한국시리즈에서 홀로 4승을 거두는 신화적인 기록을 세웠다. 그의 높은 자존심과 한국야구에 대한 사랑, 그리고 불멸의 명승부 등은 한국 프로야구의 부흥에 많은 영향을 끼쳤으며 특히, 고향인 부산을 야구를 열광적으로 사랑하는 도시로 만들었다.

드러내게 하므로 달리 말해 '주체는 진리를 상황에 강제한다'고 말할 수 있다. 존재와 주체는 다르다. 주체는 충실성에 의한 개입적 실천을 통해 사건에 대한 언표를 만들어내고 그것을 상황에 유통시킨다.

8009 사도 바울의 진리 생산과정

바디우는 특이하게도 '사도 바울'에 대한 철학서를 집필했다. 그가 기독교 신자가 아님에도 불구하고 사도 바울에 대한 철학서를 낸 것에 대해서 매우 의아해할 수 있을 것이다. 그러나 근본적인 목적은 진리생산절차와 주체, 충실성 등의 핵심개념을 설명하는 것이며 사도 바울은 바디우의 진리 및 주체, 충실성의 개념을 가장 이해하기 쉽고 적절한 사례가 되고 있기 때문이다.
앞서 언급한 바와 같이, 바디우가 바울의 예를 드는 것은 들뢰즈와 각을 세우며 후기구조주의적 관점의 본인의 독창적 개념들을 설명하는 것이 가장 효과적이었기 때문이다.

바울은 사건을 촉발시키는 사상가이자 행동가였다.* 그의 담론속에서 우리는 기존 체계를 파괴하고 새롭게 정립시키는 과정을 지속하는 투사의 모습을 발견할 수 있다. 바울이 우리에게 보여주는 것은 상황(사회)을 지배하는 법칙(지식체계, 율법)에 대립하여 '진리'를 드러나게 했던 행위 그리고 그것의 '충실성'이다. 그리고 이 모든 것은 기존의 지식을 깨고 새로운 보편적인 지식체계를 만들어낸다. 바디우는 바울을 통해 보편주의를 말하지만 그것은 객관성과는 다르다. 사도바울은 로마제국의 시민성과 법제성에서 벗어난 인물이다. 그것은 이데올로기적인 일반성과도 거리가 있다. 또한 그것은 그리스의 철학적 도덕적인 담론과도 거리를 두게 된다. 사건이 만들어내는 주체성으로서의 보편적 특이성은 기존 질서에서 나오지 않는다는 결론에 이르게 된다.

*본명은 사울이다. 그리스 문화의 교육을 받고, 로마시민권을 가졌으며 고명한 율법박사 가믈리엘의 제자였다. 율법을 중시하는 바리새파로서 성장하고, 그리스도 교도를 박해하고 잡으러 다메섹으로 가던 중 신비로운 그리스도의 음성을 체험하고 3일간 실명 상태에서 계시를 받고 회심하여 이름을 바울로 개명하고 사도가 되었다. 특히 3차 전도여행을 통해 이방인에게 복음을 전하는 '이방인의 사도'로서 사명을 다하였다. 바울은 그리스도교 최대의 전도자였고 최대의 신학자였다. 높은 학식을 통해 그리스도교의 기초를 굳히는 데 크게 기여하였다. 오늘날 그리스도교의 교리 형성에 가장 중추적 인물이 되었다.

그가 생각하는 개념을 이해하기 위해 바울과 관계된 기독교적 사건을 우선 살펴보도록 하자. 잘 알려진 바와 같이 예수를 핍박하는데 앞장서왔던 사울은 예수를 잡기 위해 다메섹으로 가는 도중에 결정적인 사건을 통해 회심하고 '바울'로 개명한다. 이후 예수의 사도로서 예수를 전파하는데 온갖 노력을 다하고 순교하게 된다.

34

예수의 죽음과 부활이라는 사건에 감화받아 성립하는 '바울'이라는 주체는 그 '사건' 이전에는 존재하지 않았다. 다메섹 도상에서 예수를 영접한 사건을 통해 사울에서 바울로 개명하였고 예수를 전도하는 인물로서의 새로운 의미가 생성된다. 이전의 상황의 법칙(유대적 율법, 그리스의 세계적 질서, 로마의 법제적 시민성)으로 따지면 그는 존재하지 않는 것이다. 달리 말해 주체를 설명할 수 없다.

로마의 국가적 질서에 포섭되지 않으며 그리스의 지혜와 유대의 예언이라는 두 개의 담론에서 벗어나 있는 것이 바로 당시 기독교의 담론이었다. 이렇게 보편성이 형성되는 것은 국가적/이데올로기적 일반성에서 벗어나는 동시에 그 반성으로부터 설명되는 모든 특수성으로부터 분리되는데 있다. 진리는 하나의 기호이다. 바울에게 오로지 하나의 신만이 존재한다는 선언은 실체에 대한 철학적 사변이 아니라 그 전달구조를 통하여 이해되어야 한다. 진리는 결국 보편성을 갖는 어떤 것이다. 사건이 만들어내는 진리는 모든 주어진 특수성과 일반성을 파괴한다는 점에서 특이한 진리이고 그때야 비로소 보편성을 담지해낼 수 있다. 특이한 진리는 결국(주어진 상황속에서) 단수의 진리, 유일하게 보편적인 진리이다. 이것이 기독교 담론이 만들어 냈던 것이다.

34. 로마감옥의 사도 바울과 믿음의 아들 오네시모

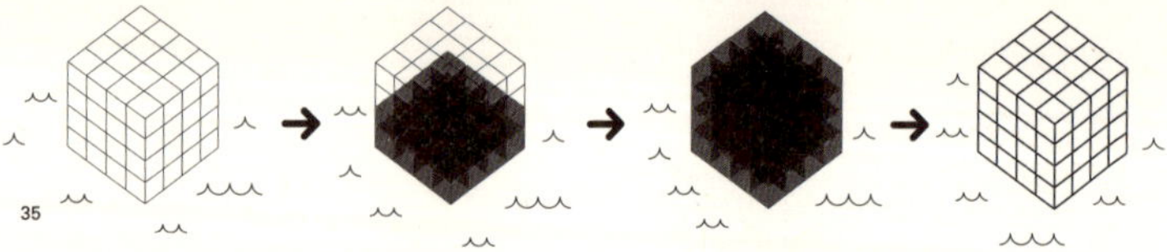
35

보편적 진리는 기존 상황의 법칙을 무너뜨리며 새로운 법칙을 수립해 낸다. 이것이야말로 상황을 근본적으로 변화시키는 진리의 힘이다. 진리는 옛 법칙을 무력화시키며 그것을 올바른 것의 지위에서 끌어내린다.
사도 바울의 경우 유대교의 율법을 폐기처분하고 진리를 상황에 강제하는 실천을 통해서 새로운 법칙을 수립해낸다. 이것이 바로 사랑이다. 특수성의 격자체계에서 나누는 것은 법칙성을 파괴하는 것이다. 바울은 진리는 객관적 증명이 아니라, 주체의 보편성을 통해 주체 자체의 믿음을 갖는 것이다. 사랑도 증거가 필요없다. 정치적 신념도 증명이 필요없다. 내가 믿기 때문에 행동하는 것이다. 주체적 보편성을 결정하며 주체의 전제로 작동한다. 여기서 증명이란 객관적 논리적으로 접근하는 근대적 방식이다.
바디우에게 주체는 실체나 존재가 아니다. 그에게 주체는 실체가 아닌 무언가 행동으로 벌어지고 남게 되는 작용이다. 주체는 충실성을 통해 외부에 드러나게 된다. 그리고 주체는 이렇게 드러나는 과정을 필요로 한다. 바디우는 사도 바울에게서 이러한 충실성이 나타나게 되는 시스템을 사유했다. 로마서에서 '우리는 시련 안에서 스스로 자랑스럽다. 그것은 시련이 인내를 낳고 인내는 확실한 충실성을 낳고 충실성은 희망을 낳는다는 것을 알기 때문이다.'라는 의미는 충실성의 의미를 상징적으로 나타낸다.

– 진리생산 절차로서의 정치적 주체

오늘날의 제도적 정치는 일자의 수립과 그를 통한 통일성의 확립을 가능하게 하는 거대한 장치이다. 영웅적 주체가 성립되고 그의 주체적 행동과 유

35. 진리의 생성과정(구조화의 변화과정 다이어그램). 기존의 구조에서 새로운 진리가 출현하고 그것이 충실성을 만들면서 새로운 질서의 구조를 만들어내고 그것이 지속적으로 새로운 구조에 영향을 끼치면서 변화의 구조를 만들어내는것을 의미한다.

산이 충실성이 되면서 하부조직에 영향력을 끼치는 권력이 형성된다.
마르크스주의의 기본적인 분류방식인 부르주아와 프롤레타리아는 생산양식을 소유하느냐 하지 못하느냐에 따라서 구분되고 그에 따라 대상이 된다. 바디우는 대상으로 우선 분류하여 프롤레타리아라는 대상을 전제하는 것은 잘못된 것이라고 생각했다. 사건이란 바로 이러한 역사적 상황, 즉 사건의 자리를 갖는 상황 안에서의 공백의 출현이다. 사건은 언제나 국지적local 이다.14) 바디우가 생각하기에 마르크스주의의 주체(프롤레타리아)는 프롤레타리아로 정해진 사람들이 있는 것이 아니라 마르크스주의 대상으로부터 떠오른 것이나 다름없는 것이다. 프롤레타리아는 일종의 비어있는 픽션(공백)이나 다름없었던 것이다. 그것은 공백으로부터 떠오르는 것이며 집합적 다수로부터 떠오르는 것이다.
정체성은 고정된 것이 아니라 진행형이거나 객관적 상태 등의 정체성으로부터 벗어나 있는 주체가 바로 바디우의 주체이다. 진리는 대상을 벗어나 있다. 지식의 체계에서도 벗어나 있다. 그래서 주체는 비대상성을 지니고 있는 것이다. 정치는 만인의 사유, 만인의 삶과 연결되어 있는 것이다. 바디우의 혁명적 정치는 일자로 표현되는 통일된 지배의 현상이 아니라 다수의 정치이고 벗어남의 정치이다.
국가가 행하는 이중의 셈이야말로 상황에 속해있는 다수들의 동요를 제거하고 안정성을 부여한다. 그러한 셈의 법칙 즉 하나로-셈하기만이 공백(공집합)의 위협을 일시적이나마 봉쇄해내고 일자라는 통일적 원리의 수립을 가능하게 하는 것이다. 바디우는 정치를 새로운 정치적 가능태possible의 창안으로 정의한다. 그것은 국가의 대립항이며 국가에서 벗어나 있다.
바디우에게 있어서 국가는 상황상태의 역사적-사회적 양상이다.

-진리 생산절차로서의 봉합의 개념

진리 생산절차에서 '봉합'의 개념이 중요한데, 바디우는 '봉합suture'이라는

14) 서용순, 바디우 철학에서의 공백(vide)의 문제, Journal of Lacan & Contemporary Psychoanalysis, Vol8 No2, 2006, p100

키워드를 언급하며 기존철학의 문제점을 지적한다. 그는 과학이 중시된 시기에 과학이 철학과 봉합됨으로써 과학 이외의 부분을 등한시하게 된 것이 제국주의와 양차 세계대전이라는 폐해를 낳게 되었으며 마르크스-레닌주의는 과학-정치를 철학에 봉합시켜 다른 요소들을 무시함으로써 문제점을 드러내게 되었고 하이데거적인 사유는 시(예술)와 철학을 묶음으로써 다른 부분의 문제점을 만들게 되었음을 언급한다.[15] 이처럼 그는 특정분야가 특권화되면서 철학과 결합할 때 문제점이 생긴다고 생각한다. 그는 이러한 탈-봉합을 통해 다수로부터 다양한 절차를 통해 복수의 진리성이 생산되며 되어야 함을 주장하고 있다.

종교는 중세에 진리 생산절차로서 훌륭하게 기능했다. 그러나 오늘날에는 정신분석학이 그 자리를 대신하고 있다. 바디우는 오늘날 우리시대의 진리에 대해서 개념을 다시 정립하고 있다.

진리가 드러나는 절차들은 기본적으로 분리되어 있다. 그들은 서로 아무 공통점이 없는 절차이다. 서로 고유한 영역으로 분리되어 있기에 서로를 배제하거나 종속시키지 않는다. 그 조건들은 모두 공존이 가능하다. 절차는 평등하고 각자 진리를 생산하기 때문에 이 절차들은 분리되어 있고 그래서 우리는 어느 것이 더 우세한 절차라고 말하기 힘들다.

19세기는 철학이 과학적 실증주의에 봉합된 시기였고 앵글로색슨 계열의 아카데미적 철학은 아직도 이 봉합에서 벗어나지 못하고 있다. 마르크스주의는 철학을 정치와 과학에 동시에 봉합시켰다. 이러한 이중봉합의 복잡한 구조를 스탈린은 철학, 또는 변증법적 유물론이라고 부르는 것이다. 이러한 조합의 봉합(철학과 마르크스주의)이 인류에게 어두운 역사를 만들어냈다는 점을 우리는 경험했다. 또 하이데거는 기술과 과학의 전제에 반대하여 철학을 시학에 결박시켰다고도 할 수 있다. 바디우는 이처럼 특정 분야가 특권적으로 철학과 봉합되어 있을 때 문제가 발생했고 철학이 자신의 역할을 제대로 하지 못했다고 비판한다.[16]

15) 철학아카데미, 처음 읽는 프랑스 현대철학, 서용순 집필부분, 동녘, 2013, p390 부분인용
16) 서용순, 철학의 조건으로서의 정치, 철학과 현상학 연구, 2007, p104

마르크스주의나 실증주의는 이미 많은 부분 반성이 있어 왔으나 '시학'의 봉합은 아직까지 크게 문제시 되지는 않았다. 하이데거의 사유는 시가 담아내고 있는 대상의 물신주의와의 단절, 지식과 진리의 대립, 우리시대의 본질적인 방향 상실과 같은 시가 제기하는 문제들을 유일하게 파악함으로써 설득력을 얻었기 때문이다. 시학은 언제나 자신이 수학과 사유를 공유하고 있음을 의식하고 있었다. 시인들은 수학에 대상이 없다는 사실을 잘 알고 있었다. 그러나 이 역시 2권에서 언급한 바와 같이 문제점을 안고 있다. 자칫 잘못하면 더욱 큰 독단과 위선으로 빠질 위험성이 항상 존재하기 때문이다. 탈봉합은 무엇보다도 진리생산의 여러 경로의 가능성을 인정한다. 다시 말해 진리를 어느 한 진리 생산 절차의 전유물로 보는 것에서 벗어나 서로 다른 진리가 다수의 영역에서 출현 가능하다고 인정하는 것이 '탈봉합'의 내용이다.

바디우의 사유는 일정 부분 민주적이고 윤리적이고 특권으로부터 오는 이데올로기의 폐해를 극복할 수 있는 사유이다. 진리는 사건을 통해서 생산된다. 사건이라는 계기가 없었더라면 진리는 출현하지 않으며 따라서 우리는 진리 생산의 절차들을 단지 진리생산이 가능한 영역이라고 말해야 할 것이다. 바디우의 진리는 사건적이다. 바디우에게 있어서 진리는 사건으로만 출현하는 것이다. 이것은 증명할 필요가 없는 공리적인 것이다. 진리는 사건에만 의존적이라는 테제로부터 출발하기에 철학의 전통안에 갇혀서는 바디우의 철학을 받아들이기가 쉽지 않다.

바디우에게 주체가 있다면 그것은 대상을 배제하는 주체이다. 대상을 배제한 순-주체적인 주체는 주체를 어떠한 실체나 몸과 동일화하는 것을 금지한다. 여기서 더 나아가 바디우의 주체는 모든 동일화를 제거하는 효과를 갖는다. 결국 바디우는 근대 철학의 주체-실체의 쌍을 주체-대상의 쌍과 함께 폐기하는 것이다.

8010 들뢰즈 철학과 자본과의 관계
–들뢰즈와 바디우 사유의 충돌지점

들뢰즈와 바디우의 사유는 유사한 부분이 있으면서도 여러 가지 개념상 중요한 부분에서 대조적인 차이를 보이고 있다. 그 차이를 잘 음미하면 현대성의 특성과 후기구조주의에서의 쟁점과 관심의 변화 및 방향성을 이해할 수 있는 폭이 확대될 것이다.

우선, 들뢰즈와 바디우의 사유의 가장 큰 특징이라고 한다면 비합리성과 합리성이라는 대조적 특성이 존재한다. 들뢰즈는 비합리성(낭만적, 디오니소스적)인 성향을 띠면서 창조적인 영감을 불러일으키는 사유를 선보이고 있으며 바디우의 사유는 합리적, 이성적인 틀로서 진리에 대해서 사유하려고 한다.

들뢰즈는 반플라톤주의 구호의 기치를 높이면서 새로운 사유를 열어 나갔다. 그는 플라톤의 이데아와 모델copy과의 관계로는 설명할 수 없는 시뮬라크르의 운동과 변화, 생성의 존재론을 통해 플라톤을 전복하고자 했다. 그러나 바디우는 이것조차 이미 그 구도 하의 부족한 부분을 보충하는 개념일 뿐이라고 일축한다. 그런 의미에서 바디우는 플라톤주의의 복원을 주장하는 입장이다.[17)]

들뢰즈는 베르그송의 사유로부터 영향을 받아 생기론적인 잠재성이 운동을 통해 연결, 접속되는 가운데 복합체와 다양체로 분기되어 현실화되는 변화 과정을 '존재'로 보았다. 이른바 운동을 통해 드러나는 생성의 존재론이다.

그러나 바디우는 플라톤주의를 복원하면서 다수에 관한 사유가 집합들의 수학화된 패러다임 아래에서 사건의 해석과 개입을 통해 도출되는 주체를 통해 행해진다고 생각했다.

들뢰즈는 의도적으로 일자를 배제했다. 그는 이데아와 모사copy의 관계에서 벗어난 것들이 운동, 변화하면서 생성되는 생기론적 입장이므로 전통적인 주체와 객체와의 관계를 벗어난 생성의 존재론을 사유한 것이다. 바디우 역시 일자를 배제하는 것은 마찬가지이지만 바디우의 존재들은 순수하게 분

17) 알랭 바디우, 들뢰즈-존재의 함성, 박정태 역, 이학사, 2001, p11 부분인용

	들뢰즈	바디우
존재론	베르그송적인 생기론적 관점의 존재론 잠재성과 운동, 생성, 변화의 존재론	현대집합론으로부터 영향을 받은 다수와 사건을 통한 주체의 도출 및 충실성의 연결
일자	일자 배제	일자 배제 순수한 다수만 존재함(현대집합론)
기초	시뮬라르크(환영)이 오히려 기존 주체 -객체와의 관계 전복을 의도	존재와 근원을 초월하는 순수한 '사건' 중시
플라톤주의	시뮬라르크의 지위 중시(플라톤주의 전복시도) -바디우는 플라톤 이데아의 잠재적 부분일 뿐이라고 비판	다수에 의한 플라톤주의 복권을 주장 (다수 개입을 통한 주체의 도래 및 기존지식체계 파괴)
진리	현실적인 것의 가능성 다의적 유비적(범주), 잠재적인 것의 진리거부 -바디우는 모델과 모사 관계에 근거한 유비적인 진리 개념만을 지칭하고 있다고 비판	다수의 개입을 통한 지식의 파괴를 만들면서 드러나게 하는 것
시간	진리보다 '시간'에 주목	시간 제거 진리는 시간을 망각, 시간성의 소멸속에 생성 가능
사건	잠재적인 것의 주사위 던지기 -바디우는 일자와 공백사이의 사건해석의 개입이 있어야 함을 강조	사건의 형식은 동일 사건들의 계열구성 없음
우연	사건은 잠재적인 것의 생성을 통해서만 이루어짐, 주름의 운동 자체가 우연임	우연한 사건 역시 다수(진리의 근원임) 다수성은 주사위 던지기의 일의성 배제해야 함

산된 다수의 평등한 존재들일 뿐이다.

바디우의 사건은 이러한 존재와 근원을 벗어나는 순수한 '사건'이며 이를 통해 주체가 도래하고 지식을 파괴하게 된다. 이 점이 두 철학자의 가장 큰 대조적 특징이다.[18]

들뢰즈는 시뮬라크르를 승격시키고 시뮬라크르가 운행하는 잠재성이 현실화되고 사건이 성립하는 것을 중시한다. 그러나 바디우는 시뮬라크르의 개념 역시 플라톤의 이데아와 모델의 개념을 벗어나고 있지 못하며 오히려 그것의 일부로서 사유하지 못하는 부분에 있어서 보충하고 있는 수준임을 강조한다. 후기구조주의는 모더니즘과 포스트모더니즘에서 논의하는 것 만큼 구조주의와 '후기'구조주의 사이에서 어느정도의 논이와 혼란이 있을 수

18) 같은 책, p10 부분인용

있다. 근대철학의 폐해적 요소를 극복하고자 하는 의도로 인간세계에 근본적으로 구조화되어 있는 양상을 인정하지만, 후기구조주의는 그것들만으로는 설명할 수 없는 욕망의 세계, 차이와 주변부의 다양한 양상들이 나오게 되는 근본 원인을 이해하는 세계관을 제시한다. 그래서 후기구조주의에서는 욕망, 혁명, 정치적인 것, 일상생활의 폭력(감금 등), 페미니즘, 외국인, 금지된 것, 몸과 관련된 사유 등에 대해서 사유한다. 지각의 현상학 역시 중요한 범주가 되고 있다.

들뢰즈의 사유는 이러한 욕망과 그것을 넘어서고자 하는 다양한 힘을 설명하고 세계를 이해함에 있어서 탁월하고 창조적인 세계관을 보여주었다. 특히 그의 사유체계는 후기산업사회와 후기자본사회에서의 역동적이고 다양한 흐름을 설명할 수 있었다. 그의 철학은 7권에서 설명한 바와 같이 조형적인 측면에 있어서 많은 영감을 불러일으켰다. 그의 글쓰기는 변화와 움직임을 은유하고 자극하는 특성과 키워드들로 인해 영감을 불러일으키고 폭발적인 조형적 에너지를 분출시키고 현실화시키는데 많은 영향력을 끼쳤다. 물론 이러한 현상이 들뢰즈의 사유 때문만이 아니라 오히려 들뢰즈가 이해하는 후기산업주의 사회의 세계관에서 자연스럽게 형성되게 되어 있는 상황이라고도 말할 수 있을 것이다. 그것은 닭과 달걀의 관계와 같이 선후관계를 따질 수 없는 것이다.

이처럼 대중(프랙탈적인 개체와 다수, 복합체)의 의견과 행동으로부터 사건이 촉발되며 기존의 지식체계가 파괴되고 드러나는 진리와 충실성은 건축분야에 있어서 기본적 형태의 드러남과 다양한 벡터로의 창발 그리고 무수히 많은 양의 증식과 거시적 관점에서의 형태의 안정화와 순환과 밀접한 관련이 있다고 할 수 있다. 알랭 바디우의 사유는 단순히 유기적 흐름을 통해 변화를 중점적으로 사유했던 들뢰즈의 사유에서 간과했던 이면에 여전히 존재하는 질서 혹은 진리가 변화의 과정속에서 드러나는 원리에 대해 집중했고 그것이 만들어내는 바람직한 '안정화'에 대해서 사유했다. 그것은 다양한 내재적 질서를 가진 그룹들이 만들어내는 창발의 현상속에 존재하는 거시적 질서로의 이행을 의미한다.
자연은 카오스 상태로 구성되고 존재한다. 다원적인 것이 혼재된 가운데 공간을 점유하며 확산된다. 일견 무질서한 듯 보이는 구성의 이면에 내재해 있는 질서의 방식에 의해 확산 증식된다. 미시적으로는 다양한 방향성을 지닌 듯 보이지만 결국 거시적으로는 질서를 이루며 순환되고 안정화되는 구조로 자기 유사성을 지닌다. 자연의 구조와 증식, 변화는 이러한 방식에 의해 순행하며 구조화, 공간화되는 것을 건축적으로 형태 및 공간에서 응용하며 구조화된다. 변화와 운동을 사유하는 들뢰즈에서 더 나아가 이면의 진리와 새로운 질서에 대한 사유에 집중하는 바디우의 사유는 운동과 변화 이면의 또 다른 진리까지도 품고 사유하면서 새로운 후기구조주의적 가능성을 제시하고 있다는 점에서 시사적이다.

PART 2
후기구조주의 담론과 연계된 건축경향

후기구조주의 조형이론과 건축적용 방식

8011 후기구조주의 조형이론의 철학적 배경

앞서 살펴본 바와 같이 후기구조주의와 조형분야와 관련된 이론으로 대표적인 것으로는 프랙탈 이론과 카오스 이론, 급변론, 그리고 자기조직화 이론 등을 들 수 있다. 이 이론들은 모두 구조주의 계열의 공간적 사유와 밀접하면서도 그것만으로는 사유하기 힘든 이면의 힘과 욕망 등이 결합되거나 드러나는 것을 껴안는 근본구조 이외의 것(이면에서의 작용)에 대한 사유가 중심이 되고있다.

PART 1에서 살펴본 바와 같이, 구조주의에서 바라보는 인간은 기존의 세계의 구조속에 수동적으로 순응하여 한계 내에서 행동해야만 하는 존재이다. 초기의 구조주의의 학문 경향을 보인 연구자들은 의도적이던 그렇지 않던 객체의 대상화 문제가 심각했던 이유로 인해 관심을 근본구조로 선회하여 집중함으로써 인간의 역할을 경시하는 흐름을 만들어냈다. 구조주의에서 인간은 구조속에 얽매인 결정론적이고 수동적인 존재일 뿐이다. 그것은 이성의 폐해와 실존주의의 허약함과 문제점에 대한 비판과 대안적인 흐름에서 나온 사유이기 때문에 일정 부분 그런 면이 존재했다. 그러나 후기구조주의는 구조주의를 기본으로 하여 구조주의에서의 인간적 부분, 주변화되거나 억압되고 무시되었던 인간화의 부분을 껴안아 사유한다. 구조주의라는 단어는 후대의 연구자들이 편의상 분류하면서 만든 것이며 후기구조주의 역시 마찬가지이다. 후기구조주의는 20세기 후반의 다원적 상황에서 연구 영역은 고정되어 있는 것이 아니라 구조주의의 연장선상에서 혹은 구조주의가 미처 빠뜨렸거나 포함시킬 수 없었던 다양한 스펙트럼에서 나타나는 양상에 대해서 주제의식을 가진 사유의 흐름을 말한다. 4권 포스트모던부터 5권 해체주의 6권 통제 담론, 7권 생성의 철학 8권의 후기구조주의라는 주제에 이르기까지 언급되는 담론들은 모두가 포스트모더니즘이라는 커다란 흐름속에서 자신의 담론 영역을 구축하며 논의되고 있다.

후기구조주의의 특징은 구조주의적 시각에 대해 일정 부분 비판적이다. 그것은 기존 구조에서 논의되지 못한 부분에 대해서 사유하므로 기존 구조에 대해서 일단 회의적이어야 할 것이다. 또한 기존 구조에 대해서 비판하거나 무시된 부분을 사유하기 때문에 '상대주의적'인 특성이 있다. 이러한 특성은 5권에서 살펴본 해체주의의 한계로 언급된 부분이기도 하다. 그것은 다원적 특성을 연구하기 때문에 차이에 대해서 집중적으로 연구하고 담론화한다. 이것은 4권에서 논의했던 기호와 의미화의 근본적인 주제인 의미화의 과정중에 발생하는 필연적인 기표와 기의의 미끄러짐 현상, 즉 기표와 기의의 미끄러짐에 따른 현상들에 대해서 사유하고 그것이 차이의 게임임을 강조한다. 이 세계는 차이에 의해 구조화 된 체계임을 담론화하는 작업이며 4권부터 현재의 담론들에 이르기까지 그 담론의 흐름은 계속된다. 그것은 포스트모더니즘을 통칭되는 이슈이기도 하다. 소쉬르의 언어학이 기표와 기의의 결합으로 인한 의미화를 공식화하는 것으로 보는 것이 구조주의의 일반적인 입장이라고 한다면 후기구조주의는 의미화의 근본적인 문제점을 폭로함으로써 근본적인 차이와 다원적인 흐름에 주목했으며 좌파적 흐름으로서 의도적으로 차이와 다양성을 주도하기도 했다.

해체주의는 데카르트의 '코키토Cogito'로부터 나온 이성의 흐름의 결정판인 구조주의적 흐름을 회의(의심)하고 그것의 대안을 찾고자 했기 때문에 회의론자인 데카르트보다 더욱 회의적이라고 할 수 있다. 데리다는 전통적인 관념론의 세계, 고정불변의 세계, 로고스의 세계의 권위와 중심성을 데리다는 거부하고 해체하였다. 그는 권위와 체계가 해체될 때 극도의 상대성에 도달하게 되는 상태를 지향했다. 그는 이러한 기존 질서와 고정관념의 해체에 도달하게 된다.

후기구조주의의 대표적 철학자인 푸코, 데리다, 들뢰즈 등은 서구역사에서 주요하게 다루어진 이성 중심의 세계관을 비판하고 배타적으로 전통적 관념론을 지배해왔던 '동일성'의 세계를 전복시키고자 한다. 다시 말해, 동일성의 억압과 폭력을 해체하는 것이다. 그것은 헤겔의 절대정신으로 향하는 목적론적이고 역사적인 사유의 계보(사적 유물론 계열)들과 이성의 대상화와 환원주의 등을 극복하기 위한 시도이다. 차이와 다원적인 가치를 중시하는 언어게임을 주장하는 료타르의 담론은 그래서 포스트모던 담론의 핵심 중 하나가 되고 있다.

그러나 이 담론들은 언어와 기호에 대한 담론에 극단적으로 주목함으로써 재현의 의미가 경시되고 극단적 상대주의, 회의주의, 그리고 비합리성이 폐해로 나타난다는 점이 문제였다. 결과적으로 이것은 세기말적 현상과 일맥상통하고 있다. 이제는 새로운 시대에 맞는 새로운 질서가 필요하다는 인식이 확산되었다. 차이의 극단화는 결국 난해하고 비관적, 허무주의적, 위기적인 시각이 우세하고 파탄적 분열양상을 보이는 세기말적 문화현상과도 일정 부분 유기적으로 연계된다.

포스트모더니즘은 거시적으로 해체주의와 후기구조주의를 포함하는 '차이의 철학'의 특성을 보인다. 포스트모더니즘이 문화전반의 세기말적 현상을 담론화하고 있다면 후기구조주의는 철학과 사회, 인문(정신분석학, 역사학 등) 전반의 담론을 다루고 있다. 계속해서 다루어왔던 포스트post의 의미를 '연속'이냐, '탈脫'이냐에 따라 모더니즘의 계승, 발전이냐 아니면 모더니즘이 무시하고 간과하고 어떻게 보면 무시하고 배제해왔던 요소(심리적)들을 부각시키고 관심을 두는 것이냐에 따라 그것은 주변화 되었던 것의 차이를 드러내는 것으로 볼 수 있다. 이 둘은 다른 것이 아니라 어떻게 보면 하나일 수 있다.

포스트모더니즘의 언어게임과 차이의 철학과 연계된 관심은 건축의 언어와 관련된 상징과 차이가 직접적으로 연계되는 건축의 외피의 표현요소 특히 장식과 유형 및 현대건축의 간판sign과 상징과 관련된 담론과 긴밀한 연관관계가 있다. 생성의 철학의 기반이 된 생기론의 사유 계보는 움직임속의 차이와 변화를 강조하는 연속적 특이점의 방출과 연계된 유기적, 유동적 흐름의 표현양상을 주로 사유했다. 후기구조주의적 관점에서의 형태는 프랙탈로 대표되는 자기유사성의 형태와 구조가 급변하는 가운데 무한반복되고 증식되는 형태를 사유한다. 이 형태는 거시적 관점에서 미시적인 구조와 동일한 구조로 형태가 형성된다. 급변하는 가운데 차이를 보이지만 결과적으로 미시적인 것과 거시적인 구조가 자기유사성을 보이며 안정화되는 구조로 형성됨을 사유한다. 형태생성의 변화와 차이와 다양성은 결국 하나의 거대한 질서에서의 순환성과 자기유사성의 요소를 사유하는 형태담론으로 발전되었다.

8012 급변론, 프랙탈, 복잡계 이론과 위상기하적 건축 표현

프랙탈이라는 용어는 IBM 토마스 왓슨 센터에서 근무하던 만델브로가 프랙탈 이론과 관련된 책 제목을 생각하면서 '쪼개다'라는 그리스 단어 fractus에서 가져와 처음 용어를 사용하기 시작하며 등장했다. 미시적 구조와 거시적 구조가 동일한 프랙탈 이론의 요소들은 반복증식의 기본적 형태 알고리즘이 존재하며 미시적인 것에서 거시적인 것으로 무한확대 증식 및 성장이 가능하다. 리아스식 해안의 굴곡진 해안선 역시 이러한 프랙탈 이론으로 설명이 가능하다.

형태 생성은 기본적 형태가 다양한 벡터와 변곡적으로 다른 프랙탈 요소들을 선택하여 확장, 반복, 증식이 가능하다. 형태 생성자의 기본적 형태 특성과 함께 생성을 위한 반복의 논리 즉 알고리즘이 결합되면서 폭발적으로 증

36. 프랙탈의 자기유사성과 구조생성

식이 가능하다. 급변의 형태가 나오는 데에는 급변의 '비선형 알고리즘'이 도입되는데 이때 이용되는 것이 위상기하적 알고리즘이다. 이를 통해 단순 함수의 관계를 벗어나 다양한 벡터의 위상기하적 선과 형태가 생성되고 증식되면서 거대화된다. 이렇게 되면 거시적으로 보았을 때, 미시적 형태의 구조가 자기유사성의 형태로 나타나게 된다. 이처럼 프랙탈은 형태 생성자와 알고리즘이 연계되어 형태와 공간이 증식되면서 자기유사성을 지니게 된다.

그렇다면 건축분야에서 이러한 '형태생성과 알고리즘은 어떠한 요소들과 관련되고 어떠한 관계로 묶어볼 수 있을 것인가?' 건축의 프로그램은 유사 프로그램을 담는 형태생성의 도구로 사용할 수 있으며 프랙탈의 방법론은 건축공간 및 형태를 생성하는데 도움을 주었다. 예기치 못했던 형태와 프로그램의 형성은 이렇게 기본적 프로그램과 함께 알고리즘에 의한 반복증식을 통해 새로운 형태로 반복 증식되면서 특이성을 방출할 수 있을 것이다. 그것은 결국 안정화되면서 순환성을 이루게 되는데, 이것이 바로 프랙탈의 특성이다.

앞서 언급한 카오스, 복잡계, 프랙탈과 관련된 담론들은 급변론과 함께 위상기하학의 비선형적 조형원리와 연계된다. 위상수학은 현대수학을 대표하는 분야로 다른 분야에 큰 영향을 주어 다차원적인 경향으로 나타났으며 건축분야에서는 구체적인 공간에서 추상적인 공간에까지 확장시켜 사유하는데 많이 언급되고 있다. 그것은 위상기하학을 비롯하여 위상공간론, 위상해석학 등이 위상수학[19]의 대부분을 이루고 있다.

카오스와 복잡계의 미시적 구성을 살펴보면, 여러 레이어가 겹쳐 있으면서 각 레이어를 해부하여 따로 떼어놓고 보면 그 레이어는 비교적 이해하기 쉬

37. 프랙탈 자기유사성의 증식

19) 위상수학: 공간의 일 대 일, 연속 그리고 그 역도 연속인 사상寫像에 대하여도 불변인 성질, 즉 위상적 성질을 연구하는 기하학이다. 위상동형인 2차원 폐다면체閉多面體의 꼭지점의 수 V, 변의 수 E, 면의 수 F 사이에는 V−E+F=2라는 관계가 성립한다는 오일러의 정리는 전형적인 문제인데, 이는 위상기하학의 출발점이 되었다.

운 알고리즘의 질서로 이루어져 있다. 이처럼 카오스와 복잡계는 복합적이고 복잡할 뿐 그것은 무질서한 것과는 다르다. 그것은 내부에 나름의 형식과 질서가 존재하며 그 가운데 복잡하게 보이는 복합적 질서를 이루고 있을 뿐이다. 그 질서는 거시적 시각으로 보면 미시적인 질서가 다시 확장되어 보이면서 순환구조를 이루게 된다. 반복과 순환은 그래서 프랙탈과 카오스, 복잡계에서 친숙한 키워드들이다. 오늘날 조형분야에서 프랙탈 이론은 형태생성의 유용한 도구로 이용되고 있다.

들뢰즈가 의미, 무의미, 비의미를 구분하며 언급하는 바와 같이, 형태면에 있어서는 형식과 무형식, 비형식의 구분과 연결된다. 프랙탈 현상은 형식과는 다른 차원에서의 구성방식을 의미하는 이면에서의 비형식의 형태생성과 연결된다. 7권에서 언급한 바와 같이 들뢰즈가 언급한 두 가지 상반된 성격의 내용들은 단순한 대립적인 양상이 사실상 혼합된 상태에서 요소들의 관계와 생성의 힘에 의해 하나로부터 다른 하나로 이행passage하는 것이다. 그것은 홈패인 것에서 매끄러운 것으로, 다시 매끄러운 것에서 홈패인 것으로 이행을 야기하는 완전히 비대칭적인 혼합이며 이음매 없이 매끈하게 미분적인 행태로 이어지는 것이다. 이것은 프랙탈의 논리가 알고리즘에 의해 무한증식 되는 과정에서 다양한 벡터로 발산하며 매끄럽고 유동적인 형태로 펼쳐지다가 다시 하나의 구조로 만들어지게 되며 그것은 다시 거시적 시각에서 보았을 때 자기유사성이 적용된 형태로 순환하면서 다시 한번 질서를 이루게 되는 것과 유사하다. 그것은 들뢰즈가 예시로 들고 있는 펠트의 성격과 같이 무한히 열려있으며 앞면과 뒷면도 존재하지 않고 고정되어 있지도 중심을 가지고 있지도 않다. 엉킴과 섞임이 존재하는 가운데 하나의 질서를 이루게 되는 과정이다.

프랙탈 이론의 형태화 공간화

들뢰즈의 철학적 담론은 후기자본사회의 세계 구성변화의 원리를 이해하는 대표적인 철학사유로 인정받아 왔으며, 그의 논의의 핵심 가운데에는 프랙탈, 복잡계, 급변론 등이 있다. 끊임없이 순환하고 운동하는 구성원리를 탐구하는 프랙탈 이론이 후기구조주의 담론에서도 자주 언급되는 만큼, 형태생성분야인 건축, 도시, 조형분야에 후기구조주의적 관점으로 세계를 이해하는 근본적인 시각을 제공할 수 있을 것이다. 후기구조주의적 관점에서 직접적으로 프랙탈 이론을 이용하여 구조적으로 작업하고 있는 세실 발몽의 논의는 자연스럽게 후기구조주의의 대표적 철학자 중 한 명으로 인정되는 들뢰즈의 사유와 연계시켰을 때 많은 공통분모가 존재하며 건축분야에서는 공간에 대해 직접적으로 언급한 홈 패인 것과 매끄러운 것의 상호이행과정을 발몽의 순환the ring이론과 접목하여 이야기할 수 있다.

세실 발몽이 주장하듯이, 요소들이 만들어내는 순환과정과 철학계의 잠재적 순환과정의 요소들이 어떠한 관련성을 가지고 있는지를 살펴보는 것은 세상의 만물이 구성되고 다시 순환되면서 새로운 요소들로 창조되는 과정에 대한 세계관을 이해하는데 도움이 된다.

그는 오브 아럽Ove Arup의 공동대표이며 세계적인 건축가들과 협업을 통해 구조 디자인의 파트너로서 건축에 많은 영향을 준 인물이다. 현재 그는 구조분야에서 더 나아가 스스로 건축가로서 작업을 진행하면서 영역을 넓혀 나가고 있다. 그는 몇 편의 건축저술을 통해 세계적으로 주목받고 있다. 엔지니어 출신답게 구조적 측면에서 바라본 형태를 구성하는 구조에 대해 분석하는 그의 글들은 후기구조주의 사유에 영향을 받아 철학적인 구조담론을 펼치고 있다. 비록 그의 글이 학자의 엄정하고 치밀한 수준은 아니지만 세계를 이해함에 있어서 건축적, 구조적으로 바라보는 독창적이고 통찰력 넘치는 시각을 제공한다. 이를 통해 삼라만상의 구성원리를 기술하고 있으므로 건축구조철학 분야에서 인정받고 있다.

8013 세실 발몽의 요소이론과 잠재적 순환[20]

발몽은 단순히 구조적 지원을 해주는 역할에서 더 나아가 자신만의 철학을 통해 새로운 건축적 방향성을 제시하여 건축물의 위상을 한 단계 업그레이드 시키는 것으로 정평이 나있다. 세실 발몽이 현재의 위상을 가질 수 있었던 이유는 자신만의 사유의 근본적인 입장과 현대철학의 연계성과 실제작품의 적용이 어떤 방식으로 이루어졌는가에 대한 기본적인 질문으로부터 시작하기 때문이다. 그는 진행과정 중에 물리적 구축방법론보다는 후기구조주의 사유의 본질적인 접근이 필요함을 인식했다.

–세실 발몽의 예술, 과학, 자연관

그는 스리랑카 태생으로 콜롬보 대학에서 공학을 전공했다. 이후 영국 사우스 햄프턴 대학을 졸업하고 1968년부터 구조설계 사무소 '오브 아럽Ove Arup & Partners'에서 경력을 쌓기 시작하여 90년대 공동대표가 되었다. 그는 단순히 구조부문의 지원 역할에서 더 나아가 건축가들과의 작업 초기부터 창의적인 건축작품이 될 수 있도록 다양한 구조적 해결방식을 창조적으로 제시함으로써 점차 독자적인 위상을 성취할 수 있었다. 결국 그는 2003년 RIBA 메달을 수상했다. 그는 19세기에 들어 구조적 기술을 바탕으로 전통적인 보자르 건축가들을 초월하여 혁신적으로 구조적 아름다움의 새로운 건축을 선보였던 건축구조 기술자들과 같이 자신의 업역의 위상을 넘어서서 새로운 가치를 정립한 디자이너이다. 그는 복잡성, 비선형 조직, 그리고 창발 이론으로 도출된 구조에 집중하여 연구하고 있다. 그는 패턴, 음익, 알고리즘,

20) 8014의 내용은 임기택, 세실 발몽의 요소이론과 들뢰즈의 잠재적순환론의 관계성 연구, 한국실내디자인학회 논문집 22(1), 2013과 임기택, 세실 발몽 작업의 비형식적 패턴화 과정에 관한 연구, 대한건축학회 논문집 - 계획계 30(5), 2014의 내용을 발췌하여 정리한 것임.

분자구조의 기원과 질서를 도출하여 개념화시키고 구조적, 텍토닉적 영감을 구조에 반영하는 작업을 하고 있다. 발몽에게 구조적 작업은 디자인 수법이라기보다는 디자인에 대한 자세 또는 디자인을 위한 사상을 중시하는 것이라고 이야기할 수 있다. 그는 각 프로젝트마다 새로운 형태와 비정형적인 요소들을 도입하면서 새로운 건축적 가능성을 보여주었다.

그는 디자인과 구조공학을 분리시키는 경계벽을 무너뜨렸다는 평가를 받고 있다.[21] 렘 콜하스는 발몽이 구조영역에서 유목민과 같이 경계를 넘나들며 유연하게 상상할 수 있도록 도와준다고 평가한다. 발몽은 현재 유펜에서 '비선형 시스템 조직'을 설립하였고 이 조직의 수석 디자이너 역할을 수행하고 있다. 그는 복잡계, 비선형 조직, 그리고 창발 이론으로 도출된 구조에 집중하여 연구하고 있다. 그는 수학적 개념과 자연 형태와 구조에 대한 영향에 관심을 두고 있으며 개념적 엄밀함으로써의 구조가 건축이라는 생각을 가지고 계속적으로 구체화시키고 있다. 비정형에 대한 그의 사유는 그의 저서 『비형식Informal』에 잘 나타나 있다. 이 책에서 그는 건축역사상 동적 긴장감을 주는 다양한 사례들을 기술하면서 설계와 구조에 대한 통합적 사고의 사례를 보여주고 있으며 구조이론에 바탕을 둔 설계미에 대해 분석하고 있다.

그의 구조적 사고는 그동안 엔지니어가 건축에 대한 보조 역할 또는 조력자로서 생각되어 온 것과는 완전히 새로운 개념을 선보이고 있다. 그의 작업은 다른 엔지니어들의 작업방식과는 많은 부분에서 차별성을 보이고 있다. 그의 저서 『Informal』에서는 건축과 구조의 경계선이 흐려지는 과정을 8가지 프로젝트를 통해 설명하고 있다. 저자는 자신의 공학적 해법의 이론적 근거를 독자들이 이해하기 쉽도록 제시하고 있으며, 그의 스케치는 순수한 기술적 도해 이상의 것을 포함한 어프로치를 보여준다.[22]

–프랙탈이론과 후기구조주의 이론과의 관계

앞서 언급한 바와 같이 프랙탈, 복잡계의 비선형 이론 등은 후기구조주의의

21) Balmond, Cecil, Informal, the informal in architecture and engineering , Prestel 2002, Preface
22) Balmond, Cecil, 같은 책, 서문(발행자글)

현상을 설명하는데 있어서 빠지지 않는 이론이다. 특히 이와 관련하여 르네 톰의 급변론에서 형태는 어떤 계에 불연속점들이 분포되어 있는 구조로 표현되며 생물체의 발생학 분야에서 자주 적용된다. 이것은 발생이 일어나는 과정에서 계속적으로 주름(불연속점, 즉 특이점)이 접히고 다시 펼쳐진다. 상호적인 에너지나 정보가 연속적으로 전송되고 유입됨으로써 국부적으로 연속적인 변형을 하는 동시에 총체적으로 역동적인 균형을 이루는 계 안에서 형태가 만들어진다.[23] 것을 언급하고 있다.

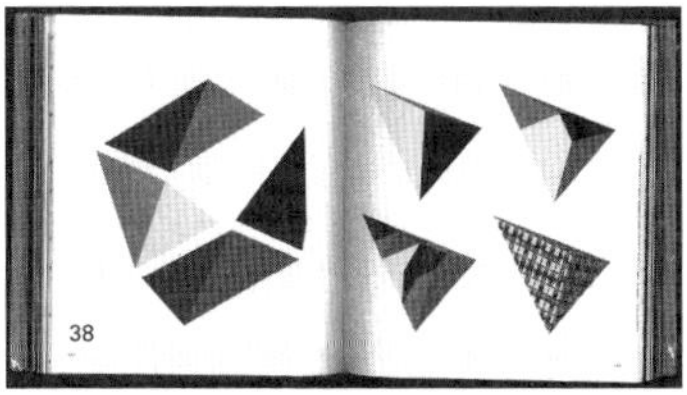

카오스 이론과 프랙탈 이론은 자기 유사성의 진동이며 파동이며 물결이다. 이것은 나무껍질과 같은 유사한 패턴들을 만들어내며 뒤틀림과 같은 구축을 형성시키고 내부로부터 외적으로 구체화되는 과정이 시작된다.[24] 세상의 물질화되는 것들은 기하학적인 것에서 구조가 생기고 그것이 형태가 되는 과정이 존재한다. 해안선이나 산, 용암의 흐름은 지형을 만들고 모양shape을 만들면서 아름다움을 형성한다. 잎에 보이는 선들과 나무줄기의 선들, 계곡의 선들은 빛의 파동을 잡아 굳어져 있는 듯 보인다. 이러한 형태와 선들이 머릿속에 감지되고 패턴을 인식하게 만든다. 아름다움 이면의 패턴은 시적詩的이다. 여기에는 선악의 요소가 존재하는 것이라기보다는 전개되어 나가려고 하는 욕동만이 존재하고 있는 듯하다. 발몽의 이같은 표현은 주물을 벗어나려고 하는 끊임없는 탈주를 상징하는 매끄러운 공간과 깊은 관련된다. 양성자(프로톤)와 중성자(뉴트론)의 원자결합과 궤도속이 전자는 양극과 음극의 밸런스를 맞추이 자리를 잡아나가게

23) 김원갑, 건축과 시간속의 운동, 시공문화사, 2010, p.50
24) 같은 책, p.162
38. 세실 발몽의 저서 Element의 프랙탈 사유
39. 토요 이토와 공동작업한 Serpentine Pavilion London, 2002

된다. 이러한 요소들은 필요에 의해 받아들이고 새로운 조직을 만들어 나가고 하는 요소들이 들뢰즈의 기계적 사고와 매우 유사함을 보이고 있으며 이것은 베르그송이 말하는 생의 비약(도약)과 유사하다.[25)]

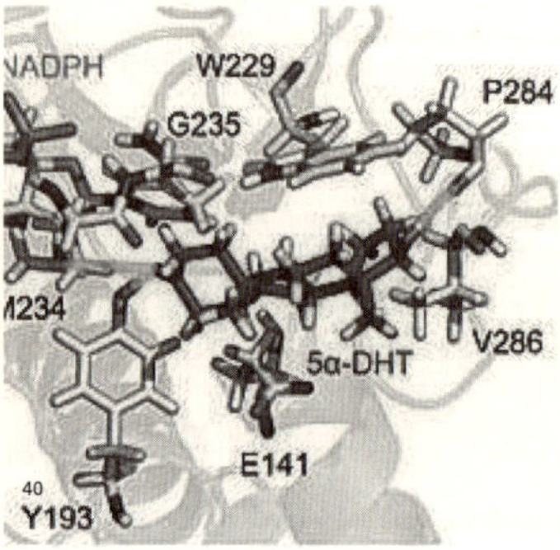

시스템이 역동적이라면 그것은 항상 정보가 교환될 수 있는 능력이 있음을 전제한다. 인간을 포함하여 모든 생물은 비선형적인 정보의 교환으로 생성된 창조물이다. 이들 역시 다양한 정보들이 서로 결합되면서 진화되고 전개되어 변화되는 가운데 생성되는 존재이다.[26)] 이렇듯 작은 구조가 전체구조와 비슷한 형태로 끝없이 되풀이되는 자연구조의 내재된 특성을 설명하고 이때 부분과 전체가 똑같은 모양을 하고 있다는 자기유사성self-simililarity과 순환성recursiveness이 프랙탈 이론의 핵심이다. 따라서 이러한 후기구조주의 계열의 사유는 자연스럽게 들뢰즈의 후기구조주의적 사유와 접합지점이 형성된다. 발몽은 전체를 조작 가능한 부분으로 분해하여 재구축하지 않고 전체와 부분 사이에 존재하는 피드백 관계를 존중하는 방법을 통해 독창적인 디자인 방법론을 전개해 나가고 있다. 그는 삼라만상의 모든 것들은 작은 입자들의 모임 가운데 나타나는 패턴의 일부에서 찾아볼 수 있으며 이 요소는 무언가의 법칙에 따라 전체에서 부분으로 다시 부분에서 전체로 연결되어 구축되면서 작업의 반복이 이루어지는 것이라고 주장한다.[27)] 이렇게 비정형적 어프로치를 통해 발몽은 디자인 및 공학의 접합점을 더욱 풍부하게 하고 있다. 그가 이렇게 차별화되면서 주목받고 있는 이유는 그의 세계관이 동시대에 인정받고 있는 후기구조주의적 세계관의 흐름과 상통하는 점이 있다는 방증이며 후기구조주의 사유의 중심축을 이루고 있는 들뢰즈의 사유와의 접점 가

40. DNA의 정보교환 및 구성에 대한 도해

25) 들뢰즈는 기계적 사유를 펼치면서 닫혀진 유기체가 아니라 필요에 의해 끊임없이 새로운 것들을 받아들이고 배치를 새롭게 하면서 새로운 의미를 생성하고 분기해나가는 과정적 사유를 강조했다.

26) Balmond, 앞의 책, p.162 들뢰즈는 라이프니츠의 모나드와 주름에 대한 담론에 영향을 받아 배치를 통해 접혀지고 펼쳐지는 순환관계를 이야기했으며 접힘과 펼쳐짐은 항상 열려진 가운데 다양한 분기를 만들어나갈 수 있는 잠재성이 충만한 공간이다.

27) Balmond, 위의 책, p.154

능성을 예상할 수 있다.

–순환 요소이론

20세기 이후 철학분야는 언어적 전회[28] 이후에 이와 관련된 다양한 담론들이 비약적으로 증가되었다. 그러나 후기구조주의 시기의 변화를 살펴보았을 때, 중심 주제는 기존의 구조로는 설명하기 힘든 역사, 문화, 심리 등 보다 다양한 것들이 섞여 들어가면서 변이되고 전개되어 나가는 변종적인 것에 집중되어 있다. 후기구조주의의 세계는 프랙탈의 차이(복잡계)로 알려져 있으며 그에 대한 논의는 이미 많이 연구되었다. 기하학적인 것에서 구조가 생기고 그것이 형태가 되는 과정이 존재하는데 복잡한 것은 간단한 몇 가지의 공식이 있고 이에 대한 변주variation를 통해 끊임없이 변화시켜나간다.[29] 그래서 물질화라는 것은 데이터이며 정보라고 달리 표현할 수 있다.

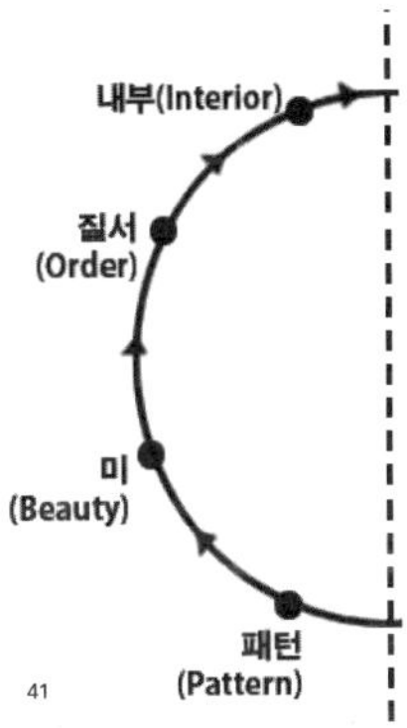

41

발몽은 독특한 관점으로 자연의 패턴을 발견하면 직접 간략화시켜 다이어그램으로 그려서 설명할 수 있는 뛰어난 능력을 지니고 있다. 그는 실사 사진을 중심으로 트레이싱지를 오버랩하여 스케치하면서 자연에서 텍토닉과 관련된 요소들을 다이어그램화 시킨다.

우리가 자연을 바라볼 때 무언가의 패턴을 반복한다고 느끼는 것은 머릿속의 복잡한 연산과정과 이전의 습득지식 및 인상이 존재해야 함을 전제한다. 그래서 패턴을 인지하는 것은 패턴의 관념을 말하는 것이며 이것은 '관조'의 중요함을 다시 한번 상기시킨다.[30] 그는 자연을 바라보는 주체는 하나의 도관conduit이며 하나의 체sieve라고 정의한다. 주체는 진동하고 펼쳐지고 변화하는 세계를 바라보면서 일정한 지각을 하게 되는 체의 역할을 하게 되고 그 과정에서 패턴을 감지하게 된다.[31]

41. 발몽의 내부 구성요소

28) 19세기 철학사유의 애매성과 근대과학의 비약적 발전으로 인한 철학의 정체성 위기, 그리고 비트겐슈타인, 프레게 등의 언어논리학적 접근 등은 현대철학의 관심을 언어적 관심으로 집중시켰으며 이것은 조형활동에 많은 영향을 끼쳐왔다.

29) 최근 모델링 프로그램으로 널리 사용되는 Rhino프로그램의 어플리케이션인 그래스하퍼grasshopper는 수학적 알고리즘을 이용하여 유사한 요소들이 알고리즘에 의해 자기유사성의 진동과 파동을 일으키며 물결과 같이 펼쳐지는 매커니즘을 실현시킬 수 있는 프로그램으로 각광받고 있는데 이 또한 후기구조주의적 사유의 발현으로 생각할 수 있다.

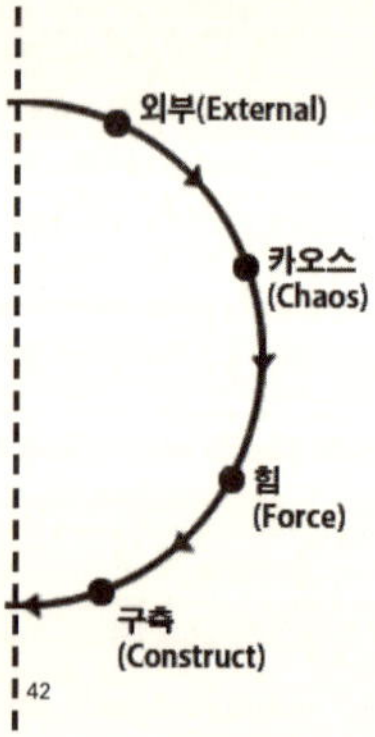

비정형의 원동력을 생각했을 때, 무언가의 구성체는 패턴을 만들게 되고 구축을 이루게 되면서 다공성porosity이 생성된다. 작은 요소들이 모이면서 복잡한 상황과 형상을 만들어내게 되고 다른 패턴을 만들어내면서 분기되는 요소들이 생성된다.

저서 『Element』에서 발몽은 무형에서 유형으로 다시 유형에서 무형으로 순환되는 요소들에 대해서 다음과 같이 정의하고 있다. 그가 언급한 순환구조의 원형고리the ring를 살펴보면, 그는 아름다움을 선악을 초월하여 구축물에서 나오는 것으로 파악하고 있으며 디자인의 과정원리를 이러한 순환구조에서 찾아볼 수 있다고 생각한다. 이 다이어그램에서 구체적이고 물리적physical인 측면은 외부exterior에서 발생하는 요소들이다. '나'라는 주체의 외부에는 거대하고 광대한 요소들이 존재한다. 광활하게 펼쳐진 요소들은 카오스처럼 보이지만 거기에는 일정한 법칙이 존재하고 그것들이 모여 하나의 힘force을 형성하고 일정한 격변의 에너지가 연속적인 흐름을 만들어내서 무언가의 형상을 만들어낸다.[32)]

다른 반대편은 위의 것에서부터 얻어지는 추상적인 것들이 존재한다고 언급한다. 이것들은 내부(머리속)에서의 복잡한 연산과정과 네트워크를 통해 구체화되기 전, 유동적 특성을 보이게 된다. 순환 다이어그램의 우측이 구체적인 실체를 의미한다면 좌측편(내부)은 우리가 볼 수 있는 것 이면에서 생동감있게 볼 수 있는 것들(느낄 수 있는 것들)이다. 이 순환구조는 구체적인 것과 정신적인 것들(빈공간을 가로지르는 보이지 않는 연결고리)의 복잡한 연결구조를 보여준다.

발몽이 주장하는 삼라만상의 내, 외부 순환요소는 위의 다이어그램으로 요약할 수 있다. 좌측 하부의 패턴은 일정 요소가 군집했을 때 만들어내는 패턴(우리의 인식 포함)이 미와 질서의 과정을 통해 외부로 드러나게 되며 그

42. 발몽의 외부 구성요소

30) 질 들뢰즈, 차이와 반복, 김상환 역, 민음사, 2004, p.399. 들뢰즈는 그의 저서 차이와 반복에서 차이를 인식하고 그것에서 패턴을 인식하는 것은 매우 복잡한 과정임을 언급한다. 관조(contemplation)과정에서 차이와 반복을 인식하는 것은 기존의 관념 및 동일성에 포획되어 있는 것으로 생각할 수 있다.

31) 질 들뢰즈, 같은 책, p.154

32) Balmond, Cecil, Element, Prestel, 2007, p.153

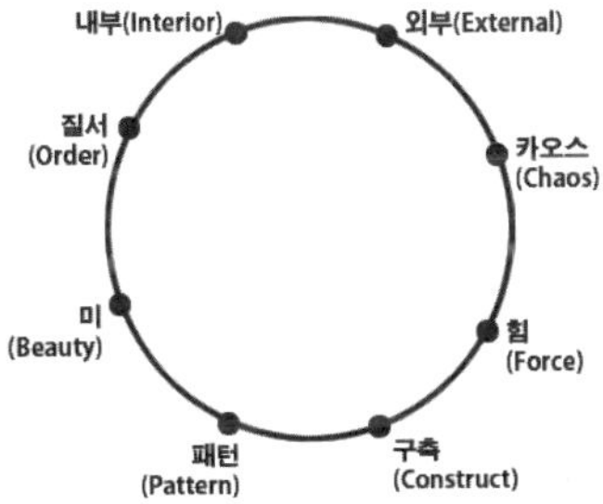

43

것은 카오스적인 상황에서 군집되어 힘force을 드러내면서 물리적 구축의 방향으로 나아간다. 구축이 되고 나면 다시 그 구축 요소들은 하나의 더 큰 세계속의 입자나 요소가 되어 동일한 과정들이 반복적으로 구축되면서 펼쳐지게 된다. 발몽은 이러한 순환요소를 세상의 정신적, 물질적 요소들이 순환하는 과정으로 간주한다. 이는 이후 살펴보게 될 들뢰즈의 잠재적인 것에서 실재적인 것으로 이행되는 잠재적 순환과정과 매우 밀접한 유사성이 있다. 철학의 외부에서 바라보면 이러한 순환구조는 심라만상에서 보이는 수듬 및 파동과 연결되어 있다.

– 들뢰즈의 잠재성과 현실태와의 유사성

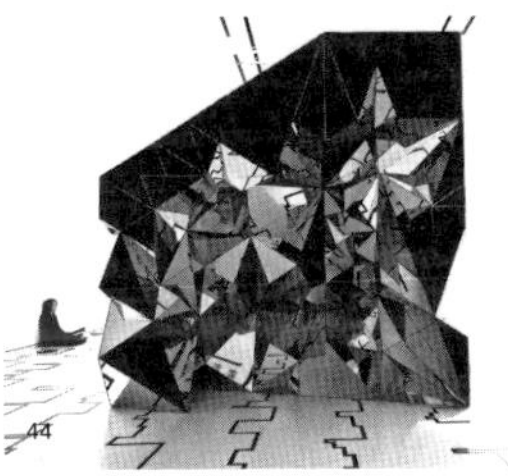
44

앞서 살펴본 발몽의 요소 순환이론은 후기구조주의의 프랙탈적인 시각에서 기술된 것이며 이것은 들뢰즈의 사유와 많은 부분 흐름을 같이 한다. 들뢰즈 사유의 존재론의 핵심과 공간에 대한 사유를 함께 살펴보면 세계의 구성원리에 대한 의견이 많은 부분 일치한다.

들뢰즈의 존재론에서는 기존의 주체와 객체의 이원론적인 고리에서 벗어나서 주체와 객체의 상대적 구조로는 설명하기 힘든 차이, 반복, 사건 등의 생성이 주체라 생각하고 자신의 독창적인 사유를 펼쳐나간다. 그는 하나의 존재개념을 폐기하고 항상 열려 있으면서 받아들이고 계속적으로 변화해 나가면서 새로운 의미를 형성하는 것을 진정한 주체라고 생각한다.[33] 들뢰즈

43. 발몽의 내, 외부 순환요소
44. Solid Void 전시, 2009

는 무언가에 고정되어 있는 개념은 이미 동일성에 수렴되어 고정되고 폐쇄되어 의미를 잃어버린 것으로 간주한다. 외부에 닫혀져 있는 볼륨이나 유기체는 닫혀있는 체계이고 오히려 기계와 같이 필요에 의해 계속적으로 증식되고 변화되어 나가는 것이 열려있는 의미의 체계이다. 의미는 새로운 것으로 계속해서 만들어져 나가는데 이 순간이 바로 잠재적인 것에서 실재적인 것이 드러나는 순간이며 구체화되는 순간(특이점)이다. 이렇게 드러나게 되는 순간, 그 의미는 다시 잠재되는 순환과정으로 편입되어 새로운 드러남(현실태)의 순간을 기다리며 이면에서 계속해서 운행한다. 들뢰즈는 이렇게 새롭게 생성되면서 만들어지는 의미야말로 진정한 '주체'라고 보았다. 이렇게 새로운 것들을 받아들이면서 잠재성의 요소들이 새롭게 배치되고 결합되어 새롭게 드러나는 것을 '분기'라고 한다.[34]

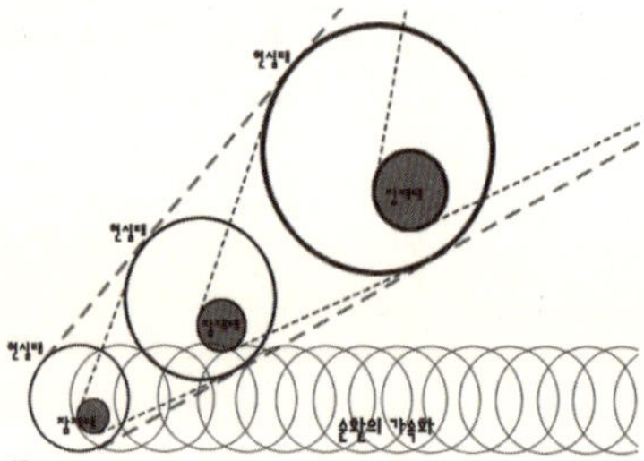

45

들뢰즈적인 사유와 관련하여 차이와 반복적 요소들을 논할 수 있는 프랙탈과 카오스 이론은 필수적이다. 오늘날 후기구조주의 담론을 이야기할 때 프랙탈과 카오스는 잠재태와 현실태의 과정들이 순환되면서 다원화되는 사회를 담론화하는데 필수적이다.[35] 건축분야에서는 기본 법칙을 중심으로 끊임없이 다양하게 변화해 나가는 주름과 펼쳐짐의 요소들이 중시되고 있다. 들뢰즈의 사고는 접속사적으로 나열되면서 관계를 맺고 새로운 배치를 통해 생겨나는 '열린 순환체계'를 중시한다. 그러면서 하나의 새로운 것이 되는 방식이 바로 들뢰즈의 '기계' 메커니즘이다. 이것은 들뢰즈적인 의미에서 일종의 절단기계에 의해 새로운 절단과 배치가 이루어지는 방식을 말한다. 절단되고 배치되어 새로운 배치가 이루어지면서 새로운 '~되기'가 가능해지는데 이러한 배치는 결국 다양한 욕망에 기인하여 현실화되는 과정이

45. 잠재태와 현실태의 순환과정

33) 들뢰즈, 위의 책, p.943

34) 가능성은 동일성의 지배하에 잠재되어 있다고 하더라도 복잡한 연산과정 없이 기존에 있던 조합들이 그대로 이루어져 별 차이 없이 그대로 붕어빵처럼 나오는 것이지만 현실화는 분기되면서 기존것과는 전혀 다른 무언가로 재창조되는 과정이다.

35) 해안선, 산맥 등의 불규칙적인 형태를 확대하면 미시적인 관점에서는 불규칙한 것이라도 자기 상사성(相似性)을 찾을 수 있다는 것이며 컴퓨터 그래픽에서는 이렇게 프랙탈의 수법을 도입하여 현실세계의 비정형적인 디자인을 구현할 수 있게 진화하고 있다.

46

다.[36] 결국 이 배치는 욕망에 의해 작동하게 되고 욕망이 작용하는 한 기계로서 존재하고 흐름을 만들어내고 펼쳐지면서 현실에서의 무언가로 생성되고 작동하게 된다. '~되기'는 잠재되어 있는 곳에서 잠재적 질료들이 다양한 접속을 통해 현실화되는 작업이고 지속은 잠재적 다양성이 있는 가운데 현실화되는 것이다.

–잠재적 순환과 요소이론의 접합지점

7권에서 매끄러운 공간은 잠재성이 충만한 가운데 관계들의 배치를 새롭게 하여 결합되고 새로운 것이 분기되어 나오는 탈주의 과정이었음을 살펴보았다. 요소들이 결합되고 잠재성이 현실화되는 과정중에 배치되어 기존의 것과는 무언가 다른 차이를 만들어내며 새롭게 분기되면 그것이 곧 외부의 구체화 되는 요소들로 드러나게 된다.

47

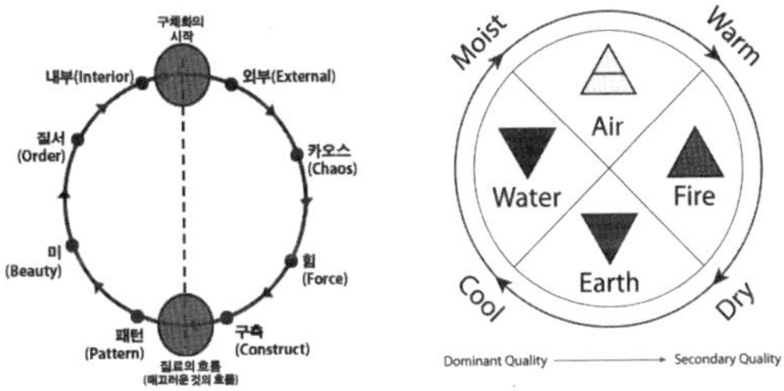

전술한 바와 같이 발몽은 고대철학자들이 언급했던 삼라만상을 구성하는 네 가지 요소들이 상호작용을 통해 불에서 흙→물→공기→불(다시 순환)로 순환하는 내용을 언급한다. 그는 순환구조에서 추상적인 내부의 작용과 외부의 작용을 구분하여 설명했으나 이것은 단순히 상대적 차이가 아니라 외

46. 세실 발몽의 자기유사성의 증식을 보여주는 Solid Void 전시, 2009

47. 4원소의 순환과 발몽의 순환구조 비교

36) 들뢰즈, 위의 책, p.460

부에서 내부로, 다시 내부에서 외부로 순환하고 있음을 강조하고 있다. 이러한 현상을 가리켜 발몽은 드러남(현실태)을 물리적인 것의 구축construct으로 규정하고 있다.

이것은 외부적으로 드러나는 것이 카오스적인 요소들 가운데 힘force으로 도출되면서 구성된다고 언급하고 있다. 한편, 내부적인 요소들은 외부적으로 드러나는 것 이면에서 작용하여 생성되는데, 이것은 패턴을 통해 아름다움과 질서를 만들어 내면서 내부적인 요소, 즉 잠재적인 요소를 이루게 된다고 말한다. 다음의 표는 발몽의 내, 외부 요소들과 들뢰즈의 홈패인 것과 매끄러운 것과의 비교분석을 통해 순환요소의 유사성을 분석한 것이다.

들뢰즈는 관계의 배치에 의해 새롭게 의미가 생성되고 그것이 진정한 주체가 되어가는 과정이 중시되며 발몽의 사유 역시 이러한 요소들을 중요하게 언급하고 있음을 살펴볼 수 있다.[37] 발몽은 주체가 삼라만상의 변화를 인식하는 가운데 패턴을 인식하게 되고, 패턴에서 이면의 내부적인 요소인 은유적인 것(의미)을 인식하게 되며 외부적으로는 구체적인 외적 요소들로 나아가게 된다고 이야기 한다. 그런 가운데 계속적으로 순환이 이루어지고 내부와 외부적인 요소들이 드러나며 다시 잠재성을 위해 접혀지면서 변화되는 과정을 끊임없이 반복하게 된다고 생각하고 있다. 다음의 표와 같이 발몽의 외부(홈 패인 것), 내부(매끄러운 것)것의 개념으로 치환하여 보았을 때 매우 유사함을 확인할 수 있다. 건축부문에서 영토화되어 고정되고 결정되어 무언가가 쉽게 되지 못하는 것보다는 잠재적으로 새롭게 무언가가 될 수 있는 것becomming은 상대적으로 조형적인 면에서 비선형적이거나 불확정적인 표현들이 우세했다.

이러한 경향은 건축디자인분야에서 외적으로 다양한 형태의 유희적 표현과 함께 공용공간의 다양한 흐름들의 접합, 접속들을 통한 공간 표현방식으로 드러났으며 건축적 잠재성을 증폭시키는 결과를 가져왔다. 이것은 질료적 흐름이 되어 잠재성이 충만한 상태에서 주변 상황에 따라 다른 종류의 기관

37) Balmond, Element, p.162

	순환 이론	키워드	인식개념	부분 다이어그램	키워드
세실 발몽	외부 (구체화를 위한 홈패임의 과정)	카오스 Chaos	무질서한 듯 보이지만 패턴화되어 질서화된 것을 분석할 수 있는 상태	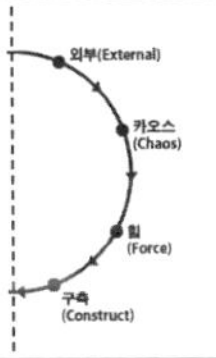	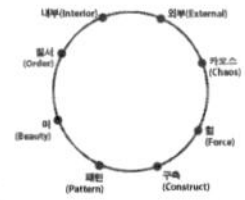
		힘 Force	각 두가지 요소들 사이에서 벌어지는 잠재적, 화학적 작용		
		구축 Construct	구체화되어 물리적으로 확고하게 나타나는 단계		
	내부 (홈 패임으로 이행하기 위한 잠재성의 현실화)	패턴 Pattern	점들과 원소들의 연결 등으로 인해 인식상의 상사성을 발견할 수 있는 단계 (주물을 깨뜨리는 단계)	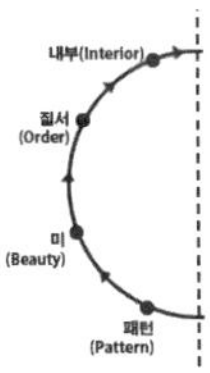	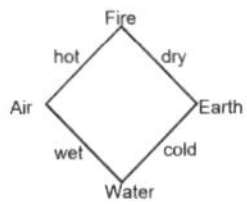
		미 Beauty	패턴들의 반복속에서 아름다움의 감각이 살아날 수 있는 단계, 은유적 결합까지 나타날 수 있는 단계		
		질서 Order	패턴들을 통해 좀 더 큰 시각에서의 질서를 느낄 수 있는 단계		
질 들뢰즈	홈 패인 것 (Concrete)	구축화과정	위계에 의한 구체화의 과정, 논리적 구체화 (함수적)	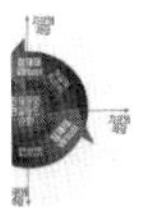	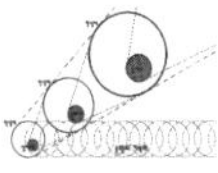
		특성	함수적 관계 input, output 명확, 주물적 국가장치, 수목구조, 제국적 데카르트적 공간, 논리적 공간(명사적)		
	매끄러운 것 (animated)	탈주→패턴	상상속의 유목적, 위상 기하학의 리좀구조		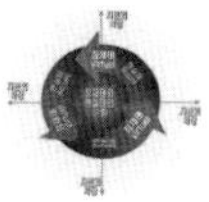
		특성	벡터적 관계, 주물파괴적 힘, 리만적공간…후각,촉각등의 본능적 공간(동사적)		

표2. 세실 발몽과 들뢰즈의 순환이론 비교분석
48. 세실 발몽의 작품 Orbit, 2012

이나 형상으로 변형될 가능성이 더욱 풍부해짐을 의미하는 것이다. 그것은 끊임없이 진동하며, 운동하여 새로운 '~되기'가 가능해지기 때문이다. 발몽 스튜디오의 2012년 작품 Orbit은 '트러스'로 구성되는 기본 구조가 끊임없이 반복, 증식되고 조금씩 벡터의 방향을 변화시켜가는 변화 즉, 특이점이 끊임없이 변화되는 형태를 통해 거시적인 프랙탈적인 형상을 이루고 있다. 여기에서 부분과 전체는 자기유사성이 있으며 이러한 요소들은 순환고리loop를 이루면서 안정화되는 형태를 만들어내며 프랙탈과 자기유사성을 상징하고 있다.

발몽의 작업중에는 순환 및 뫼비우스의 띠(클라인 병), 자기유사성의 요소들이 확장되면서 꼬여 순환하는 표현들이 자주 사용된다. Battersea 마스터플랜은 옛 발전소 건물과 주위의 건물 및 지하 공간들이 연계되면서 독립적으로 존재하던 미술관의 상대적으로 홈 패인 공간이 내외부의 공간요소 및 구조에 의해 자유롭게 순환되도록 계획되어 있다. 또한 마스터플랜의 한 요소인 Battersea Twist건물은 실제 외관자체가 꼬여있는 공간과 혼합되는 프로그램을 보이면서 거의 직접적으로 순환적 은유의 형태 및 공간을 선보이고 있다. 또한 작품 Pearl은 그대로 클라인병의 순환적 구조 및 이미지와 공간화, 프로그램화를 보여준다. OMA와의 협업인 CCTV본사와 리베스킨트와의 협업인 VaA Spiral역시 순환요소 및 외부적, 공간적 은유에 있어서 거의 직접적인 순환적 요소가 사유와 텍토닉의 주요 관심사이다.

들뢰즈가 이야기하고 있는 '기관없는 신체'의 개념은 고정된 영토화로부터 끊임없이 탈주하면서 탈 지층화되어 탈 코드화되고 탈 영토화되는 특성을 보인다. 열린 배치를 통해서 코드가 변경되면 욕망의 흐름에 따른 배치로 변화를 만들어낸다. 이는 돌연변이와 같은 배치를 만들게 되고 새로운 생성

49. 세실 발몽의 작품 Orbit, 2012

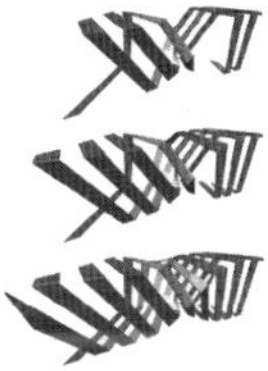

(~되기)이 이루어지게 된다. 기관없는 신체는 습관적인 것이 될 가능성이 있는 동일성이 있는 기억에서 벗어나 작동하는 복합체이다. 유기체는 감각이 주체와 분리될 수 없다. 그러나 기관없는 신체는 외부와 분리되지도 그리고 통제 없이도 임의적으로 자율적인 배치에 따라 임의로 결합되게 된다. 이를 통해 다른 감각기관들과 끊임없이 상호침투와 결합이 이루어지고 이를 통해 새로운 '~되기'가 될 수 있다. 따라서 기관없는 신체는 외부를 수용할 수 있는 폭이 매우 크며 스스로 펼쳐지는 과정속에서 감각적 흐름들이 많이 통과할 수 있도록 자연스럽게 필요한 배치를 이루게 된다. 현재의 작품에서 보이는 바와 같이 발몽의 작품은 무형에서 유형화되는 모든 것들은 다음과 같이 들뢰즈의 이론과 연계시켜 표현이 가능하며 그것은 다시 발몽의 내, 외부 요소이론으로 이어진다.

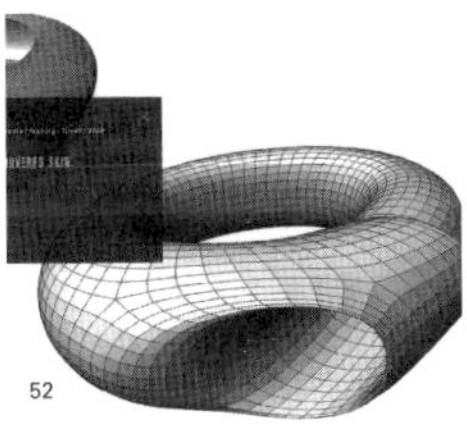

그의 엔지니어 경력이 말해주듯이 깊은 통찰력을 통해 세상의 삼라만상을 이해하는 방식은 세상을 이루고 있는 구조적 실체를 통해서이다. 그는 단순히 구조적 실체가 어떻게 구성되어 있는가의 외적 요소들만을 바라 본 것이 아니라 그 이면에 흐르고 있는 잠재적 요소들의 운동성과 그 운동성이 어떠한 순환과정을 통해서 외적 요소들로 이루어지고 있는지에 대한 사유를 발전시켰다. 이는 후기구조주의 시대의 사유와 일맥상통하는 요소들이 있으며 그에 대한 접점은 발몽의 네 가지 요소의 순환적 사유의 내부에서 외부로 이어지는 순환적 사유, 들뢰즈의 생성의 사유, 특히 홈

50. Battersea 마스터플랜과 Battersea Twist
51. CCTV 본사
52. 발몽의 작품 Pearl

패인 것과 매끄러운 것의 상호이행 과정과 유사성이 있다.

잠재태과 현실태의 순환과 반복과정은 내부의 패턴으로부터 질서가 이루어지는 것과 외적으로 구축에 이르는 과정의 순환과 밀접한 관련이 있다. 카오스로부터 구축construct 되는 외부적 특성은 함수와 같은 논리적 구체화의 과정으로 주물과 같은 계통적인 과정으로 이루어진다. 이에 반해 매끄러운 것은 탈주를 이끌어 심상 속에서 복잡한 과정을 거쳐 하나의 패턴으로 굳어지는 과정에서 벡터적, 유목적, 주물파괴적 힘이 작용하면서 외부화로 넘어가기 전의 질서를 이루게 된다. 질료의 매끄러운 흐름에 의해 탈영토화와 탈주를 이루었던 것은 결국 인간의 심상에 의해 구체화의 과정을 거쳐서 연계되어 구축화의 과정을 거치게 된다. 들뢰즈 사유의 핵심은 기존의 이분법적 사유로는 말하기 힘든 생성과 차이를 만들어내기 위해 접속되고 분기되는 창조적 탈주선을 강조하고 계속해서 탈주할 것을 요청한다. 세실 발몽의 방법론 역시 구조공학적 분야를 넘어서서 세계 구성원리를 이해하고 건축적으로 재창조하도록 했다. 또한 계속해서 탈주하는 금욕적 고행을 통해 새로운 분기와 차이를 만들어 갈 수 있도록 영감을 불러일으키는 역할을 한다.

8015 비형식적 패턴화 과정
–비선형적 비형식성의 특성

기본적인 몇 가지 구조가 다양한 외적변수에 의해 쌓이고 겹쳐지면서 새로운 구조를 만들어나가는 양상은 끊임없이 다양한 운동과 변화를 만들어나가는 특이점들의 연속이라는 점에서 후기구조주의적 사유의 양상으로 볼 수 있다. 그 중 프랙탈 구조의 사유는 후기구조주의적 특성을 잘 드러내주고 있다.

53. 발몽의 작품 Pearl

54

후기구조주의 사유가 현실계의 물질적 차원으로 내려와 논의되는 개념중 가장 현실적인 것은 프랙탈 이론이다. 무리수는 특정한 패턴 또는 형태가 가지고 있는 접힘folding의 정도에 연결되어 있다. 기하학적 모티브 위에 작동하는 알고리즘은 프랙탈로 이끌 수 있다. 가까이 보거나 멀리서 보아도 프랙탈은 동일하다. 이것에 대한 결과로 정해진 어떤 스케일에서 프랙탈은 무제한적의 불규칙성을 제공한다.

카오스는 혼동이 수학적으로 결정된 상태인데 이것은 같은 시작점에서 같은 수학적 방법을 통해서 같은 체계의 계산을 이용하여 이상적인 결과를 만들어내는 것을 의미한다. 프랙탈은 비정수적 차원의 패턴으로 해안선은 프랙탈적인 기하학으로 설명된다. 프랙탈은 무한한 크기의 범위를 가지게 된다. 끝이 없는 수를 설명하기 위해 발몽은 무리수와 초월수, 소수, 등을 이야기하고 있으며 비선형은 예측할 수 없는 방식으로 관계가 설정된다. 함수와는 달리 등호를 화살표로 바꾸게 되면 이어지는 점을 예측할 수 없게 된다. 최초 x값의 작은 변화는 전혀 다른 공식에 의한 y값을 만들어 낸다. 발몽은 '비형식'을 디자인의 비선형적인 성격으로 규정했다.[38]

–비선형과 위상기하적 운동

데카르트적, 유클리드 기하학적 형식에서 결정론은 화살표, 직선과 진실, 그리고 확실한 실선이 공간속에서 요소들을 연결하는 것으로 묘사한다. 그것은 최소의 거리로 인식되지만 위상기하학에서는 이러한 예측가능한 좌표체계를 초월하는 좌표체계를 가지게 된다. 정확하게 예측가능한 유클리드 기

54. 발몽이 그린 프랙탈 증식의 개념과 증식의 유사성

38) 세실 발몽, 건축의 비형식을 향한 선언, 홍인표 외 역, 시공문화사, 2008, p113

하학과는 달리, 다양한 비선형적 좌표와 흐름으로 표현될 수 있는 위상기하학은 복잡하고 유동적인 형태의 표현과 밀접한 관련을 맺고 있다.

후기구조주의와 관련된 담론중 비선형적인 특성과 위상기하적 운동은 라이프니츠의 모나드 담론과 밀접한 관련이 있다. 발몽은 복잡해 보이는 형태 자체도 프랙탈로 이루어진 몇 가지의 구조가 결합되며 증식되어 주름을 형성하는 구조라는 주장을 모나드의 개념으로 표현하고 있다. 위상기하학적 움직임은 모나드 내의 내적 힘을 바탕으로 접혀져 있었던 주름이 펼쳐지면서 만들어내는 변화의 움직임이 발산되는 것으로 본다. 즉, 고정되어 있는 듯 생각되는 형태(형상)들은 서로 연계된 상태에서 다양한 벡터의 방향으로 펼쳐지는 힘으로 인식할 수 있다.

–급변론과 안정화의 순환구조

비형식은 갑작스럽게 변화하며 드러나는 특성을 보인다. 갑작스럽게 형태가 급변하면서 변화하는 것과 예상치 못한 형태를 보이는 것은 비형식 형태의 특성이다. 이와 같은 자극들로 인해 관찰자에게는 당황스러운 감정이 일어나게 된다. 갑작스런 변화를 가져오는 것들은 함수적 관계가 아닌 위상기하적 관계임을 언급한 바와 같이, 패턴을 인식할 수 있되, 예측불가능한 형태가 창발되면서 다양한 힘과 욕동을 표현하게 된다.

급변은 특이성이 나타나는 부분에서만 발생하는데 라이프니츠 식으로 생각해보면 주름의 급변에서는 새로운 끌개와 그것의 영역이 급속하게 형성되며 점 밀치개에 주름진 표면으로 재현된다. 그것은 평면 표면에서 갈래나 위상공간에서 접힌 첨점으로 투영되어 나타난다. 형태는 사실상 시간 속의 특별한 점에서 하나의 계의 상태로 정의된 것으로, 절대적인 것이 아니라 한 계의

55. 프랙탈의 형태 및 구조 생성

진화속에서 구조적으로 안정된 순간들이지만, 그러한 형태들의 발생은 구조적 불안정성의 순간들, 즉 급변의 순간들로부터 나타난다고 할 수 있다.

비형식은 국지적 순간을 인지하고 그것으로부터 무엇인가를 생성시키는 디자인에 대한 접근방식이다. 그것은 형식적 구성과 반복적 리듬을 무시하며 비형식적 구성이 계속 증폭된다.

한편, 비형식은 무형식과는 다르다. 들뢰즈가 의미와 무의미 그리고 비의미를 구분하여 개념화했던 것과 같이 비형식은 무형식과는 달리 잠재된 것들이 형식으로 드러나는 이면의 움직임과 질서를 뜻한다. 일정한 논리를 가진 구조 몇 가지가 결합되어 창발되면서 증폭되면 일정시간의 증가량에 따라 그 구조들이 자체적인 순환을 이루면서 안정을 이루어 간다. 창발이 발생하는 것은 미시적으로 보면 다른 힘의 벡터 방향성을 만들어 나가는 것이지만 거시적으로 이러한 힘들의 결과물들이 모이게 되면 각자의 구조들이 순환되며 결합되어 안정화를 이루면서 자기 유사성을 띠게 된다. 핵심은 증폭되는 가운데 욕동의 힘이 반영되어 급변하게 된다. 형태가 변화하는 가운데 다양한 형태가 형성되지만 큰 틀의 시각에서 보면 각 부분들은 패턴화되면서 순환되고 연결되며 구축되어 결국 안정화된다.

–세실 발몽의 순환구조와 비형식성

발몽은 첫 번째 저서『Informal』에서 건축과 구조의 경계선이 흐려지게 만드는 과정을 8개의 프로젝트를 통해 설명하고 있다. 그는 전체를 조작 가능한 부분으로 분해하여 재구축하지 않고 전체와 부분간에 존재하는 피드백관계를 존중하는 방법을 통해 독창적인 디자인 방법론을 전개해 나가고 있는데, 그의 사유 중 핵심으로 볼 수 있는 요소 순환이론은 그의 저서『Element』에서 잘 드러나 있다. 그는 삼라만상의 모든 것들은 작은 입자들의 모임 가운데 나타나는 패턴의 일부에서 찾아볼 수 있으며 이 요소는 무언가의 법칙에 따라 전체에서 부분으로, 다시 부분에서 전체로 연결되어 구

56

축되면서 작업의 반복이 이루어지는 것이라고 주장한다.[39] 발몽은 구조적 시각에서 비형식성을 사유했고 구조분야의 실무자였기에 유연한 비형식적 구조를 후기구조주의적 사유에 입각해서 일관되게 구조적 방식으로 현실세계에 실체화시킬 수 있는 능력이 있었다.

그는 비형식의 특성의 균형에 대해 다음과 같이 이야기 한다. "그것은 꼴라쥬같은 무질서하고 특별한 사례가 아니라 그 자체의 체계를 만드는 방법론이다. 카오스가 여러 질서상태의 섞임이라는 것을 이해하기란 쉽지 않다. 즉흥적인 것이 사실은 평형에 도달하는 순서들을 만드는 안정성의 핵심이다. 그것 안에는 여러가지 평형을 이루는 요소들이 상호관계를 유지하며 존재한다. 위계가 아니라 동시성이 중요하다."라고 주장한다.[40]

발몽은 후기구조주의적 키워드들을 설명하면서 프랙탈, 위상기하학, 초월수, 소수, 비선형, 패턴, 비형식 등을 언급하고 있으며 예측할 수 없는 카오스적인 현상들도 사실은 여러가지 다른 패턴들이 중첩되어 하이브리드화되어 있으면서 끊임없이 반복 증식되고 있음을 주장하고 있다. 발몽은 앞서 살펴본 순환요소를 세상의 정신적, 물질적 요소들이 순환하는 과정으로 간주한다. 철학의 외부에서 바라보면 이러한 순환구조는 삼라만상에서 보여지는 주름 및 파동과 연결되어 있다. 들뢰즈가 말하는 매끄러운 공간은 잠재성이 충만한 가운데 관계들의 배치를 새롭게 하여 결합되고 새로운 것이 분기되어 나오는 탈주의 과정이다. 요소들이 결합되고 잠재성의 과정중에 배치되어 기존의 것과는 무언가 다른 차이를 만들어내고 그 결과로 새롭게 현실화되면 그것이 곧 외부의 구체화되는 요소들로 드러나게 된다.

그는 순환구조에서 추상적인 내부의 작용과 외부의 작용을 구분하여 설명

56. 세실 발몽 작품 Orbit

39) 세실 발몽, 같은책, p118

40) 세실 발몽Cecil Balmond, 건축의 비형식을 향한 선언, 홍인표 외 역, 시공문화사, 2008, p222

했으나 이것은 단순히 상대적 차이가 아니라 외부에서 내부로, 다시 내부에서 다시 외부로 순환하고 있음을 강조하고자 한 것이다. 드러남(현실태)을 발몽은 concrete의 construct로 규정하고 있다.
특정한 타일 모양을 필요한 만큼 방향을 바꾸고 뒤집으면 '기묘한 형태의' 네트워크가 만들어진다. 카오스는 임의적으로 만들어지는 것이 아니라 주어진 다각형이 변형되면서 만들어내는 각도에 의해서 만들어진다. 패턴화되면서 순환하고 안정되어 큰 그림에서 순환적 형태로 굳어지고 다시 시작되는 것은 구조적 사유와 실제 작품에서 그의 핵심적 가치로 일관되게 추구되어온 방법론이다.

– 내부와 외부성의 순환관계

발몽은 찰나의 순간을 포착하면서 문자 그대로 즉각적으로 드러나지 않는 색과 형태를 초월하여 자신에게 다가오는 것을 감지하게 되는 것에 대해 언급한다. 순환에 있어서 가장 분주한 장소는 내부이며 그곳은 모든 잠재성이 운동하면서 연결되는 변덕스럽고 거대한 장소이다. 이 공간은 형태가 생성

내부(Interior)-Spirit			외부(Exterior)-Body		
↑	→ 요소	→ 특성	→ 요소	→ 특성	↓
↑	질서 Order	패턴들의 집합가운데 질서가 생김	카오스 Chaos	더 넓은 시각에서 보면 카오스로 읽힘	↓
↑	미 Beauty	패턴들의 모임은 인간의 의식가운데 아름다움을 형성	힘 Force	집합속의 부분들이 특이성이 일어나며 파동 형성	↓
↑	패턴 Pattern ←	구축된 요소들이 모여 패턴을 이룸 ←	구축 Construct ←	물리적 형태로 굳어져 드러남 ←	↓

표. 세실 발몽의 내외부 요소들의 순환특성 분석

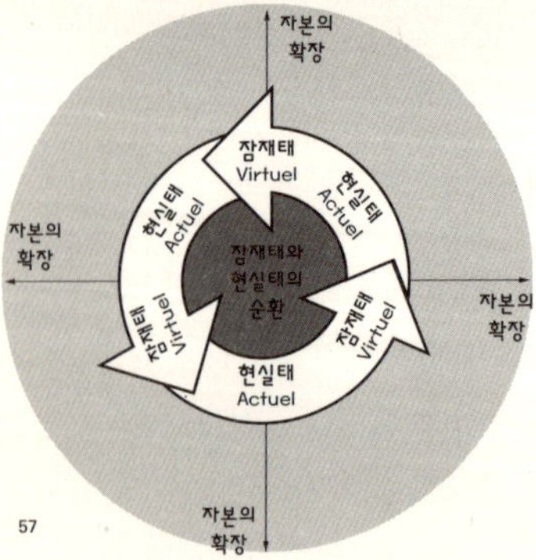

57

되는 곳이며 잠재적인 것이 구조화 되는 장소이다. 들뢰즈의 잠재태와 현실태의 내용과 유사함을 느낄 수 있는 대목이다. 잠재적 순환은 내부에서 외부로 계속적으로 순환하며 이동한다.[41)]

잠재적인 것에서부터 물질적인 것으로의 이동은 구체화의 사실이 되는 외부적인 것, 카오스, 역동성, 구축과 연결되며 잠재적인 과정에서 이루어지는 생각인 미, 질서, 내부로 연결된다. 이렇게 두 가지 과정이 순환하면서 창조의 과정들이 순환하게 된다. 이와 같은 과정들을 통해서 내부(인간정신의 내부interior)–형태적 도구formal device–성취achievement–소멸의 과정을 거치면서 다시 이어져 순환의 과정을 거치게 된다. 발몽은 구축 vs. 구성의 관계에 주목하여 분석하고 있으며 그것은 원소의 개념을 말하는 것이다. 그는 '형태form에서 형태화formation가 어떻게 이루어지고 있는가'와 '형태없음formless에서 비정형화되는 것이 어떻게 연계되는가'에 대한 철학적 질문을 던지고 있다. 여기서 그는 물질화의 패턴→추상화→구조적 특성을 파악하고 순환하는 것을 밝히고 있다. 세실 발몽의 순환과정에 대한 사유는 고대철학의 4원소의 철학적 사유와 유사성을 보이고 있으며 특히, 후기구조주의의 들뢰즈적인 사유와 유사한 용어 내지는 구조를 보이고 있음을 감지할 수 있다.

–패턴화의 의미화 과정

물H^{2}O 분자는 모습을 바꾸면서 환경에 따라 분자의 위치를 바꾸어가며 자체의 구조를 변화시켜 나가지만 성질 자체는 모두 똑같은 H^{2}O이다. 물이

57. 잠재태와 현실태의 자체 순환과정
58. 자연구성형태의 도입과 다이어그램
41) 질 들뢰즈 외, 천개의 고원, 김재인 역, 새물결, 2001, p.927

라는 근본적인 분자의 성질은 변화하지 않는다. 물의 형태가 변화한다고 해도 두 개의 소수와 하나의 산소가 결합된 개념은 그대로 지속된다. 물과 얼음, 수증기는 특정 온도에 따라 나타나는 안정적 형태이다. 발몽은 **"비형식은 계속 성장하는 알고리즘 속에서 일반적이지만 알고리즘이 작동하는 정도에 있어서는 구체적이다. 해석만이 우리가 할 수 있는 최선의 것이다."**[42] 라고 언급한다. 결국 패턴화는 자연의 법칙과 변화과정에 인간의 해석이 개입되는 과정이다. 그런 측면에서 발몽은 자연을 바라보는 주체는 하나의 도관conduit이며 하나의 체sieve라고 정의한다. 주체는 진동하고 펼쳐지고 변화하는 세계를 바라보면서 일정한 지각을 하게 되는 체의 역할을 하게 되고 그 과정에서 패턴을 감지하게 된다.[43] 이것은 7권에서 살펴보았던 들뢰즈의 개념 중 끊임없는 상호이행의 순환과정, 기관없는 신체의 욕망의 흐름, 비의미의 형성과정과 연계된다.

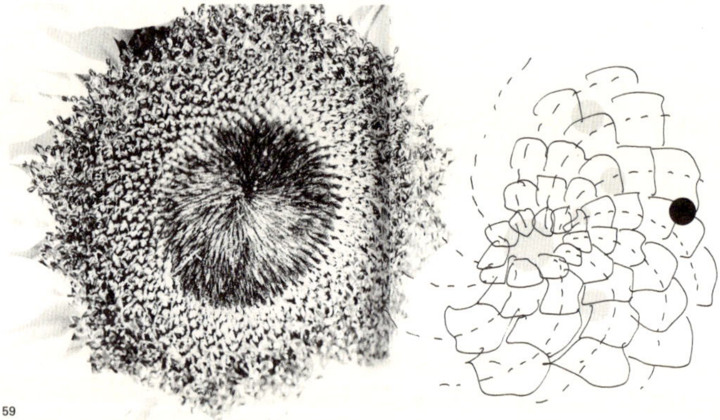

59

그는 세상에 나타나는 이미지를 다이어그램 등의 도면과 글로 변환시키면서 그의 사유를 정립해오고 있다. 비정형의 원동력을 생각했을 때, 무언가의 구성체는 패턴을 만들게 되고 구축을 이루게 되면서 다공성porosity을 만들

59. 자연구성형태의 도입과 다이어그램
42) 같은책, p116
43) 같은책, p118

어낸다. 작은 요소들이 모이면서 복잡한 상황과 형상을 만들어내게 되고 다른 패턴을 형성하며 분기의 요소들이 형성된다.
발몽은 구축의 행위는 요소들의 연결로 이루어지며 시작점으로 간주한다. 점과 짧은 선은 연결시킬 수 있다. 또한 배치(연결)에 따라 의미가 달라질 수 있다. 사람들은 별자리는 다른 연결점을 만들면서 별자리와 같은 의미를 부여한다. 매듭knot은 속屬이 공통으로 갖는 것이다. 역사상 인류는 아무런 의미가 없어 보이는 별들의 지점들을 연결시키면서 별자리를 만들어 패턴을 만들고 거기에 의미를 부여하는 행위들이 계속해왔다. 우리는 무언가 연결시키면서 의미가 생성된다는 것을 인식하고 있다. 선과 형태shape는 새로운 질서를 만들면서 패턴을 만들어낸다. 이 과정에서 구체적인 것에서 추상적인 것으로, 패턴사이의 연결점을 만들어 내게 된다.

점이 많아지면 점들 사이에서 밀도와 강도가 증가하면서 채도saturation가 높아진다. 이 과정에서 증감도의 변화가 일어나게 된다. 따라서 점에서 선으로 그것이 수없이 많이 모여 있을 때 만들어지는 패턴(주체의 인식)에서 내부적으로는 은유적인 것이, 외부적인 것으로는 구체적인 것이 나타나게 되며 공식화를 시키면 다음의 내용으로 표현할 수 있다. 전술한 바와 같이 주체에게 차이를 느끼는 것과 반복은 주체의 사유와 동일성이라는 측면에서 중요하다. 감각이 작용하게 되면 우리가 만들어내는 현실을 감지할 수 있는 패턴을 인식할 수 있게 된다. 이러한 패턴은 별자리를 만들어 무언가 상징과 연결시키려는 인간의 인식과 깊은 관련성이 있으며 은유와 연결된다. 유동적인 선의 연결모습들은 자연의 요소들이 만들어내는 선과 점들, 분자들의 흩어진 모습들의 형상을 만들어낸다.[44)]

44) 앞서 설명한 프랙탈과 위상기하적 비선형방식으로 형성되는 것이 구체적인 것이 되면서 패턴화됨을 알 수 있다.

은유metaphor ← 패턴pattern → 구체적인 것concrete

앞의 다이어그램을 보면 은유는 창조적인 행위를 일으키며 대상이 이벤트와 함께 연결되어 있음을 나타낸 것이다. 그 사실을 관찰하면서 우리 머릿속에는 패턴이 감지된다. 이것은 계속해서 우리를 은유의 과정으로 이끌게 만든다. 패턴 이면의 패턴, 즉 자연의 내부의 힘인 아름다움은 숨겨진 면에서 작용한다. 이것은 내부에서 이루어지는 과정이라고 볼 수 있다. 해안선이나 산, 용암의 흐름은 지형을 만들고 모양shape을 만들면서 아름다움을 형성한다. 잎에 보이는 선들과 나무줄기의 선들, 계곡의 선들은 빛의 파동을 잡아 굳어져 있는 듯 보인다. 이러한 형태와 선들이 머릿속에 감지되고 패턴을 인식하게 만든다. 아름다움 이면의 패턴은 시적이다. 여기에는 선악의 요소가 존재하는 것이라기보다는 전개되어져 나가려고 하는 욕동만이 존재하고 있는 듯 하다. 양성자(프로톤)과 중성자(뉴트론)의 원자결합과 궤도속의 전자는 양극과 음극의 밸런스를 맞추어 자리를 잡아나가게 된다. 이러한 요소들은 필요에 의해 받아들이고 새로운 조직을 만들어 나가고 하는 요소들이 들뢰즈의 기계적 사고와 매우 유사함을 보이고 있음을 알 수 있다. 또한 이것은 생의 비약(도약)과 매우 유사하다고 발몽은 언급한다.[45]

시스템이 역동적이라면 항상 정보가 교환될 수 있는 능력이 있음을 전제한다. 인간과 모든 생물 역시 비선형적인 정보의 교환으로 생성된 창조물이다. 이들 역시 다양한 정보들이 서로 결합되면서 진화되고 전개되어 변화되는 가운데 생성되는 존재이다.[46] 내부에는 어떠한 것도 구체적으로 구축되는 것이 될 수 없다. 이러한 영역은 외부에 닫힌 동굴이나 볼륨같은 것이 아니라 열리고 풀려있고 확장되는 것이다. 각각의 외적 오브제들은 그 영역으로 침잠되어 나간다. 그 픽션은 생성보다 더 거대하다. 내부는 생성의 장소

45) 들뢰즈는 기계적 사유를 펼치면서 닫혀진 유기체가 아니라 필요에 의해 끊임없이 새로운 것들을 받아들이고 배치를 새롭게 하면서 새로운 의미를 생성하고 분기해나가는 과정적 사유를 강조했다.

46) 들뢰즈는 라이프니츠의 모나드와 주름에 대한 담론에 영향을 받아 배치를 통해 접혀지고 펼쳐지는 순환관계를 이야기했으며 접힘과 펼쳐짐은 항상 열려진 가운데 다양한 분기를 만들어나갈 수 있는 잠재성이 충만한 공간이다.

로서의 잠재성이 있는 영역이다. 내부가 없다면 외부도 존재하지 않는다. 각 요소들의 패턴화는 몇 가지의 논리구조가 결합되면서 레이어가 중첩되고 증폭되는 움직임 속에서 비선형적인 비형식으로 구체화되는 물리적 작용이 나타난다. 다른 한편으로, 패턴은 그것을 해석하는 인간의 의식작용도 개입되면서 은유적인 인간의 해석이 결합되게 된다. 세상만물은 단순히 물리적 구성만 존재하는 것이 아니라 인간의 해석과 은유적 요소들과 결합될 때 의미가 생성되고 완전해진다.

60. 프랙탈의 구성방식

–비형식적 특성의 적용과정(국지성, 혼재성, 병치성)

물리적으로 구체화되면서 거시적으로 순환되고 안정화되기 위해서는 물리적으로 구체화되는 패턴화의 매커니즘을 이해할 필요가 있는데 세실 발몽은 비형식의 요소를 국지성, 혼재성, 병치성 등의 세가지 과정을 통해 형태가 생성되고 움직임을 통해 끊임없이 변화해 나가는 원리를 설명하고 있다. 각 항목들의 특징은 다음의 표와 같다.

시기	국지성	혼재성	병치성
의미규정	외부로의 최초 확산	중첩, 공유, 두 가지 이상의 본질의 엮임	연접시 충돌하여 새로운 특성 창조
방법	국지적인 특성 속에서 본질을 유지하려는 모든 사건들	개별적 성질의 공유 비슷한 성질들의 직접겹침	하나의 사건과 다른 사건의 가까운 관계
특징	지역적 사건은 특별한 힘을 보유	속도의 뒤섞음	연접성의 다른 속도 생성
키워드 (음악)	(순환)⇒ 배음⇒	화음⇒	템포⇒(순환)

61

첫째, 국지성은 자신의 영향력을 외부로 퍼뜨리려는 최초의 행동이며 병치성은 두 가지의 행동이 연접성의 특성을 이용하여 충돌하고 영향을 주면서 새로운 본질을 만들어내는 것, 하나의 사건과 다른 사건의 가까운 관계를 의미한다. 또한 다른 연접성은 다른 속도를 만들어 낸다. 또한 혼재성(하이브리드)은 다른 것을 중첩하는 행위인데 이것은 개별적인 성질의 공유, 두 가지 혹은 그 이상의 국지적인 요소들의 본질이 서로 엮어지는 것을 각각 의미한다.[47] 비형식의 특성은 독립적이거나 개별적인 것이 아니라 일정 정도의 상호 의존성을 갖는다. 병치가 그 한계 상황에 이르면 두가

61. 세실 발몽의 구조해석작품 Spiral
표. 국지성, 혼재성 병치성의 분석
47) 세실 발몽, 같은책, p116

지의 일시적인 특성을 가지게 되거나 혼성hybrid이 된다. 하이브리드는 두 개나 그 이상의 국부적 사건들로 이루어지며, 이것은 다시 또 하나의 국부적인 상황이 된다. 비형식의 특성들은 디자인을 위한 시작점이 된다.

두 번째로 일견 무질서해 보이는 다양한 형태 및 점선면의 요소들은 프랙탈 이론에 따라 내부의 질서가 각각의 논리에 의해 중첩되고 포개지면서 주름이 형성되는 과정속에서 보여지는 양상이다. 앞서 살펴본 바와 같이 혼재성의 특성은 무질서해 보이는 형상가운데 질서와 논리가 숨어있음을 인식하기 위해 필수적으로 각각의 특성을 파악해야 한다. 중첩, 공유의 특성들은 두 가지 이상의 본질의 엮이게 되고 개별적 성질이 존재하는 가운데 공간을 공유하고 있는 것이다. 이것은 결국 비슷한 성질들의 요소들이 직접 겹쳐짐으로 인해 다른 차이와 복잡함을 느끼게 되는 그 논리적 요소들을 추출하게 되면 몇 가지의 논리가 겹쳐져 있는 가운데 증식되면서 조화를 이루고 있는 것을 확인할 수 있다. 이것은 한편으로 다른 속도가 뒤섞여 있는 것으로 판단할 수도 있다. 조화를 이루는 것은 한편 음악으로 치면 개별적인 소리들이 모여 듣기좋은 조화를 이루는 화음으로 달리 표현할 수 있다.

셋째, 병치성은 이렇게 몇 가지의 논리가 겹쳐지고 혼재되어 있는 가운데 다른 성질의 요소들이 연접하면 충돌하여 새로운 특성를 창조하는 단계이다. 이것은 하나의 사건과 다른 사건의 가까운 관계 가운데 연접성이 생기고 다른 속도가 생성되는 것을 의미한다. 이것은 음악적으로 비유하면 템포가 생성되는 것과 유사하다.

결국, 국지성의 개별적 특성들이 몇 가지가 겹치고 혼재되면서 공유되고 본질이 섞이는 가운데 병치된다. 이를 통해 새로운 특성이 형성되고 반복, 증식되면서 주름들이 형성되는 것과 같은 이치이다. 음악으로 다시 비유하면 개별적인 배음들이 모여 하나의 조화로운 화음이 생성되고 화음이 생성되는 것들이 연결되며 하나의 템포를 형성하며 음악적 구성이 진행되는 것과 마찬가지이다.

<table>
<tr><th>작품</th><th>전경사진</th><th>국지성</th><th>혼재성</th><th>병치성</th></tr>
<tr><td rowspan="2">쿤스트할</td><td rowspan="2"></td><td>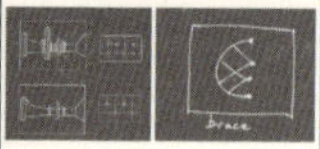</td><td></td><td></td></tr>
<tr><td>-그리드속의 비형식적
기둥 배치
-bracing</td><td>-2번째 홀에서의 붉은선
-새로운 Buttress</td><td>-패턴의 발생
-기울어진 기둥과 외부프레임 발생
-경사로: 미끄러짐 프레임의 병치성</td></tr>
<tr><td rowspan="2">켐니치</td><td rowspan="2"></td><td>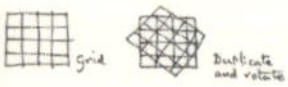</td><td>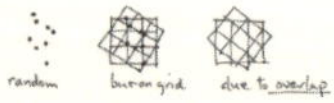</td><td></td></tr>
<tr><td>-병렬된 그리드
-2개의 그리드회전
-분산된 교차점 추출</td><td>-다양한 기울기/임의성의 배치
-상호의존성 증가</td><td>-변형/해석-숲으로 증가
-궁극적 순환고리(loop)완성
-네트워크의 연속체생성</td></tr>
<tr><td rowspan="2">스파이럴</td><td rowspan="2"></td><td></td><td>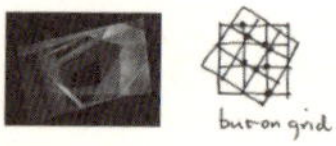</td><td>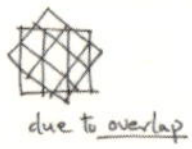</td></tr>
<tr><td>-지그재그의 연속성 증가
-고정된 중심부재</td><td>-새로운 비선형적 나선형생성
(혼돈된 나선형)
-패널중심선의 회전 및 겹침</td><td>-포괄적(비선형적) 나선형 생성
-비선형적 유형학(내부함수)</td></tr>
<tr><td rowspan="2">프렉타일</td><td rowspan="2"></td><td></td><td></td><td></td></tr>
<tr><td>-최초: 찌그러진 육각형</td><td>-P,Q,R의 복합패널
-3가지 혼성물 존재</td><td>-불규치적 반복
-P,Q,R의 복합패널의 네트워크형성</td></tr>
<tr><td rowspan="2">아넴</td><td rowspan="2"></td><td>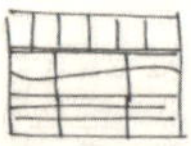</td><td>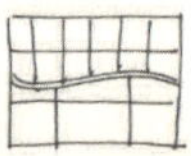</td><td>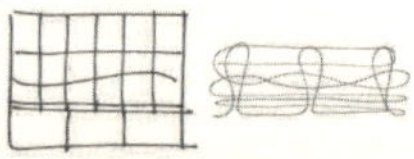</td></tr>
<tr><td>-힘의 전환지점발생
(주차 및 그리드연접지점)</td><td>-충돌발생
-힘의 전환지점 발생 및 허용
(굴곡을 위한 은유)</td><td>-연결, 융합(folding, layering)
-기하학적 경계와는 다른 자유로운 경계 생성</td></tr>
</table>

–건축작업의 적용방식

발몽은 세상 만물의 이치는 이렇게 하나의 구조가 다른 구조와 만나 혼재되고 병치되어 중첩되어 형성되고 순환되는 것으로 생각한다. 그는 이러한 과정들을 정립한 것을 바탕으로 자신이 참여하는 건축 작품에서 이러한 사유를 구체화시켰다. 앞의 표는 발몽이 국지성, 혼재성 및 병치성의 과정을 통해 하나의 구조속에 다른 구조들이 중첩되고 패턴이 발생해 나가면서 새로운 주름이 형성되는 비선형적 구조화 방식에 대해서 각 작품의 참여 사례를 중심으로 설명하고 있다.

발몽은 『Informal』에서 그가 참여하고 창의적으로 구조를 제시했던 8개의 프로젝트를 언급하며 그의 일관적인 구조의 사유를 다음과 같이 설명하고 있다.

첫 번째 작품인 렘 콜하스의 쿤스트힐은 전체적인 큰 틀은 도시의 콘텍스트를 수용하여 박스형태의 그리드를 기본으로 하며 그리드 속의 비형식적 요소들(기둥과 그리드 체계의 천정구조속의 새로운 비형식적 버트레스)을 삽입하고 사선의 기울어진 기둥과 경사로를 삽입함으로써 비선형적 비형식성이 형성된다.

두번 째 작품인 켐니치 프로젝트에서는 최초 병렬의 그리드에서 2개의 그리드를 회전시킨 후 분산된 교차점을 추출한 기본적인 논리의 요소들이 다양한 기울기의 각도와 임의적 배치를 통해 증폭되고 상호의존적인 구조로 안정화되면서 원형의 순환구조로 진행되는 작업과정을 보여주고 있다.

세 번째 작품인 스파이럴에서는 몇 가지 논리의 구조 요소들이 고정된 중심이 부재한 상태에서 지그재그의 연속성이 증가되는 가운데 새로운 비선형적 나선형(혼돈의 나선형)이 생성된다. 이후 이 논리의 요소들이 회전되고 겹쳐지는 증폭과정을 거쳐 포괄적(비선형적) 나선형의 결과물이 나오게 됨을 보여준다. 이를 통해 건축구축방법론의 비선형적 유형학(내부함수)을 추구할 수 있음을 보여주고 있다.

네 번째 작품은 다니엘 리베스킨트의 빅토리아 알버트 박물관(1996)이다. 이들 작품들에서는 인식할 수 있는 건축물의 조형원리 프랙탈의 원리를 차용했다. 끊이지 않는 선(선을 구성하는 면은 역시 프랙타일로 구성된다)이 접혀지며 주름을 만들어내는 것은 역동적으로 지속, 발전하는 과정을 상징하는 것이라고 의미를 부여했다. 나선형은 스케일링과 왜곡, 중첩의 과정을 통해 기하학적 나선의 주름형태를 구성한다. 면을 구성하는 프랙타일은 최초 찌그러진 육각형의 요소가 P, Q, R이라는 세가지 복합패널의 구조요소들이 혼성화되면서 불규칙적인 비선형적 반복을 통해 복합패널의 네트워크가 완성되고 이것이 결국 새로운 패턴화를 이루게 됨을 보여주고 있다.

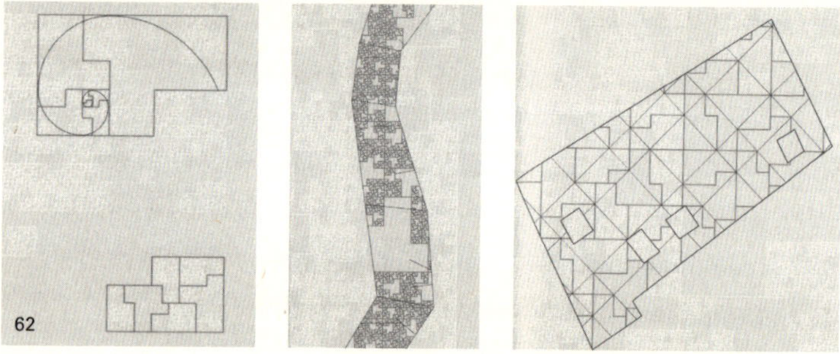

이와 관련하여 발몽은 미국 수학자인 로버트 앰먼타일링 유닛을 발견했다. 그 타일링은 특별하고 신비한 특성을 가지고 있었다. 하나의 형태는 자체의 형태가 줄어든 버전인 다른 두 개의 형태로 구성된다. 그것들은 일련의 정확한 규칙에 의하여 맞추여져 있다. 이 타일들에 의하여 만들어진 그 패턴은 유사하게 보였고 그 패턴은 절대 반복하지 않았다. 그것은 불규칙적인 반복이다. 앰먼 타일의 수치들은 그 타일들을 대각선으로 가로지르는 그리드의 숨겨진 세트에서 유인한다. 놀라운 것은 이 숨겨진 선들이 황금비율을 갖는 직사각형의 형태를 만드는 것이다. 이 그리드들 중에 하나는 직각이지만 그 수직에 45도로 기울어져 있다. 다른 그리드는 황금비율의 힘에 의하

62. 프랙타일의 구성확인
48) 세실 발몽, 같은 책, p248

여 좌우되는 각도이다.[48]
오리지널 직사각형의 같은 비율을 가지는 작은 직사각형을 남기는 이 황금비율의 독창적인 속성은 자체 유사성의 아이디어와 연관되어 있다. 그것은 또한 비규칙성, 프랙탈 패턴의 복잡한 행동의 기본적인 근본 속성이기도 하다. 각각의 P타일은 P, Q 그리고 R의 복합이다. Q와 R 형태를 가지고 만들어질 수도 있다. 각 타일은 그 자체와 다른 두 개의 형태의 혼성물이다.[49]

다섯 번째 작품은 아른헴 프로젝트로 이 작품에서는 힘의 전환지점(주차 및 프로그램들의 연접지점)의 발생요소들에서 충돌이 발생하는 부분을 힘의 전환지점으로 삼아 형태에 있어서도 유연한 곡선이 상호 연결되어 벽과 천정, 바닥슬라브가 경계를 알 수 없을 정도로 유연한 곡선화를 추구했다. 이것은 각각의 논리요소들이 연결, 융합(folding, layering)되면서 기하학적 경계와는 다른 다채롭고 자유로운 경계를 형성하도록 유도했다.

패턴은 비슷하게 보였고 그 패턴은 절대 반복하지 않는다. 불규칙적 반복을 하면서 증가되는 것들이 바로 비선형적 형태를 만들어내는 반복의 특성이다.

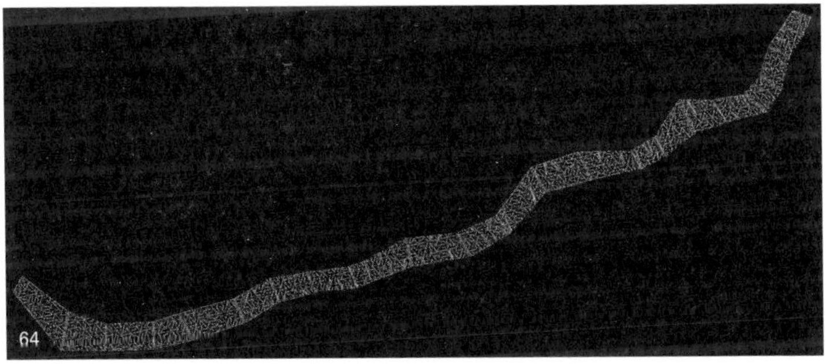

63. 프랙타일의 부분모형
64. Spiral의 접힌구조를 펼친 모형
49) 같은책 p249

세실 발몽이 삼라만상을 이해하는 방식은 구조적 실체의 구성방식을 통해서이다. 그는 단순히 구조적 실체가 어떻게 구성되어 있는가의 외적 요소들만을 바라 본 것이 아니라 그 이면에 흐르고 있는 잠재적 요소들의 운동성에 주목하고 그것이 어떠한 과정을 통해서 외적 요소들을 이루고 구체화되는지에 대한 구조적 사유를 발전시켜 나갔다. 그는 무질서해 보이는 세상만물의 구성요소들이 사실은 내부의 몇 가지 논리적 구조들이 겹쳐지는 가운데 형성되는 것을 발견했다. 그는 이에 착안하여 그것들이 국부성, 혼재성, 병치성의 상호 과정속에서 구조가 패턴화되는데 그 가운데 함수적 관계설정이 아닌 비선형적 함수관계로 이루어지는 구조가 설정되면서 거시적으로는 순환적인 안정에 이르게 됨을 밝혔다. 이것은 이후 다시 순환되며 움직이게 되는 구조의 설명이 가능해진다. 그는 외적 순환구조와 비선형적 구조의 생성 움직임의 관찰에만 그치는 것이 아니라 그것을 창의적으로 건축작업에 일관성을 가지고 적용시킴으로써 창발속의 거대한 질서와 조화를 이루어나가는 건축구축적architectonic 방법론을 제시하고 있으며 이러한 그의 방법론은 후기구조주의적 사유를 추구하는 동시대적 건축구축방법론에 있어서 영감을 제공하고 있다.

65. 세실 발몽의 구조해석작품 Spiral

네트워크 도시의 은유

건축분야는 드물게는 기존의 가로, 필지들의 구성요소들을 초월하여 통합되면서 구축되는 거대구조물도 존재하지만 대부분 필지안에서 자기완결적인 건축물로 구성되게 마련이다. 따라서 프랙탈의 거시적 구조를 언급함에 있어서 개별적인 건축물보다는 단지개념속의 건축군의 군집상태나 도시의 유기적 변화와 구축과정의 증가가 '매끄러운 것'과 '홈 패인 것'에 대한 이행과 변화, 흐름을 설명하기에 더욱 적합하다. 도시 자체가 거시적인 구조를 다루는 학문분야이기 때문이다. 따라서 하나의 중심이 아닌 다중심의 네트워크 도시구조를 살펴보는 것과 건축에 있어서 다중심의 구조를 실험했던 매트빌딩의 도시적 은유를 살펴보는 것은 후기구조주의적 관점의 형태 및 공간생성을 사유함에 있어서 유용하다.

8015 매트빌딩의 도시적 은유

매트빌딩matt-building이란 용어는 1974년 스미슨 부부의 '매트빌딩을 어떻게 인지하고 읽을 것인가' 라는 텍스트에서 처음으로 사용되기 시작하여 개념화되고 정착되었다. 이 개념은 60, 70년대의 전후 서구사회의 물질적 풍요와 낭만성, 급격한 인구상승, 도시화, 고밀화 등의 시대적 상황에 대한 대안으로 나타난 것이라고 볼 수 있다. 매트빌딩의 개념은 군집, 이동성, 성장과 변화, 도시의 건축을 주요 주제로 하고 있다. 스미슨 부부와 알도 반 아이크, 헤르만 헤르츠버거 등과 같은 구조주의 건축계열의 건축가들은 이슬람 전통도시 조직 특히 카스바의 구성원리에 대해서 집중했다. 구조주의의 담론을 다룬 3권에서 살펴보았듯이, 그들은 인류가 만들어왔던 도시의 근본구조에 대해서 관심을 가지고 심층적으로 연구한 것이었으며 문화인류학적, 구조주의적 시각의 접근방식임을 확인할 수 있다. 매트빌딩은 익명의 공통구조가 되는 요소들의 집합을 나타내며 각 기능들은 조직fabric을 풍성하게 하며 성장, 변화의 가능성, 패턴을 만들고 이후, 그것들의 혼합 및 조합을 통해 상호 네트워크를 이루게 되는 방법론을 강조하고 있다.

팀 텐Team X의 건축과 함께 아키그램, 메타볼리즘은 모두 생명의 변화와 움직임을 건축에 적용하고자 실험했던 그룹이다. 이들은 인류공통의 근본구조에 대해서 공통적으로 관심을 두고 연구했으며 기존 근대건축이 가져온 폐해에 대해서 비판했다. 기존의 지역적 콘텍스트를 중시하여 콘텍스트를 구성하는 근본구조를 연구하고 그것의 근본적 하부구조를 새롭게 제시하며 연계시킴으로써 커뮤니티와 개인의 정체성을 회복시키는 것을 목적으로 했다. 당시의 건축가 중에 요나 프리드만, 메타볼리즘, 아키그램 등의 그룹은 자신의 계획에서 매트빌딩의 방법론을 유행적으로 사용한 계획안을 제시했다. 매트빌딩은 생물학적 함의를 지니고 있다. 그것은 프랙탈적인 측면, 복잡계 과학의 내용과 연계된다. 건축 및 도시의 구축논리에 적용해보았을 때 클러스터와 연결의 통로, 비확정적 프로그램의 연계, 기능의 연계 및 성장 논리 등은 모두가 프랙탈의 증식으로 발생하는 '생성'의 개념과 연계되어 있다. 결국, 복잡계 과학의 논리는 패턴으로부터 도시를 만들어 보고자 하는 패턴 랭귀지pattern language의 상향식bottom-up 방식으로 볼 수 있다.

66

66. 알도 반 아이크, 스스로 성장하는 암스텔담 고아원 프로젝트, 1955-60

매트빌딩의 건축적 구성방법론을 자주 사용했던 팀 텐TEAM X은 엘리트적인 국제주의 건축양식을 상징하는 조직인 CIAM의 강령에 반대하였으며 CIAM이 추구하는 기존의 건축이 권위적이고 폐쇄적이라고 공격했다. 구조주의적 건축경향을 주도했던 팀 텐의 중요한 건축적 방법론 중 하나인 매트빌딩의 특징을 살펴보자. 이들은 군집, 이동성, 변화와 성장, 도시와 건축에서 출발했다. 우선, 그들은 단위모듈을 설정하고 다음과정으로 변화의 여지를 주기 위해 확장 및 조합하는 방법론을 사용했다. 그들은 사회의 근본구조가 될 수 있는 요소들을 추출하여 근본구조의 프로토타입을 몇 가지로 설정하고, 그것을 반복 증식시키면서 구조화시키는 방법을 사용한다. 매트빌딩은 건물을 초월하여 그 자체로 도시의 일부분으로 인식될 수 있도록 의도되는 경우가 대부분이다.

– 스미슨 부부의 매트빌딩

앨리슨 스미슨 부부는 '매트빌딩'이라는 명칭과 개념을 주창하고 팀 텐의 작품 중에서 매트빌딩의 범주에 속하는 작품들을 정리했다. 매트빌딩은 오늘날 MVRDV, 소우 후지모토, SANNA, 등등 많은 건축가들로부터 폭넓게 현대성을 반영하는 카오스와 프랙탈적인 특성을 건축적으로 구현하는 방법론으로 애용되고 있다. 스미슨 부부는 쿠웨이트의 매트빌딩 프로젝트를 위해 먼저 아랍의 옛 도시들을 연구했다. 그들은 전통도시의 특성과 구조를 우선 추출하여 몇 가지의 기본타입을 만들고 그 프로토타입을 기본 요소로 삼고 반복 증식시키면서 확장되는 특성과 구조주의의 언어의 기본구조에 대한 시스템을 제시하고 그 시스템이 확장시키는 구조의 개발에 충실했다.

67. 스미슨 부부의 Golden Lane 하우징개념

따라서 그들의 이론은 오늘날 개별건물에서 주로 다양성을 포함시키며 안정화되는 방식으로 사용되고 있지만, 공공적 성격의 오픈스페이스를 제공하면서 동시에 프랙탈의 개념을 끌어들이며 만족시키는 도시로서의 은유를 충실히 수행하고 있다고 보아야 할 것이다.

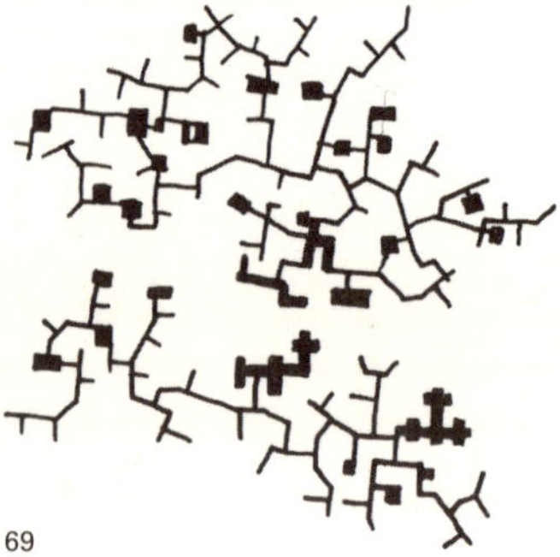

69

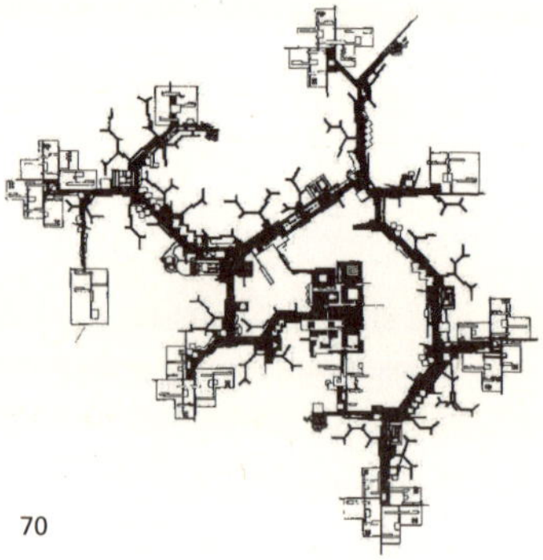

70

앨리슨 부부의 작업은 나무줄기에 대한 개념을 통해 성장의 과정에서 옛것과 새것의 네트워킹에 집중하는 식물학적 유추를 사용했다. 1954년 골든 레인Golden Lane 프로젝트가 대표적인 사례이다.

스미슨은 베를린 자유대학 프로젝트에서 다이어그램을 이용하여 나무구조의 변화과정을 상세하게 설명하고 있다. 까엥시에서 주최한 까엥 에루빌Caen Herouville은 각각의 길이 전통적인 도시에서처럼 건물들에 의해 둘러싸여 있다. 또한 가지에서 뻗어나간 것들은 말단의 좁은 가지들까지 연결된다.

68. 스미슨 부부 Robinhood Garden 프로젝트

69-70. 스미슨 부부의 Golden Lane 하우징개념, 사무실을 연결하는 공중가로, 1954

71
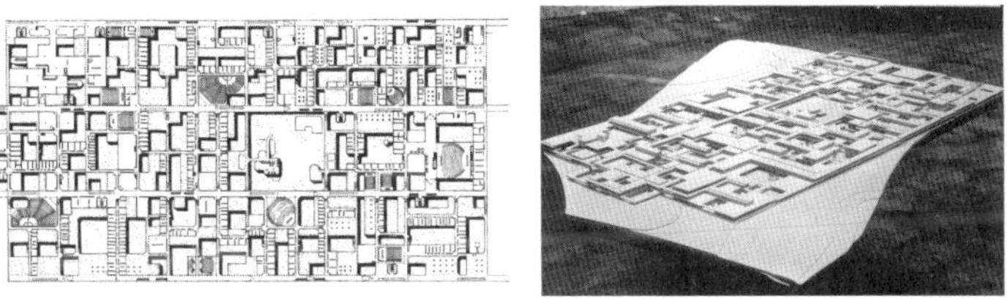

60년대 말 70년대의 매트빌딩 계획안은 구조물 자체의 경계가 확실하지만 오늘날의 매트빌딩의 요소들은 대지의 경계가 소멸되거나 융화되는 랜드스케이프 건축의 요소와 접목되는 경우가 대부분이다. 오늘날 경사진 판으로 구성되는 계획안은 이전의 공중가로의 물리적, 심리적 한계를 극복하는 모습을 보여준다. 다시 말해, 이전의 매트빌딩 계획안은 공중에 떠 있어서 기존의 대지 및 콘텍스트와 이질적인 구조나 보이드를 삽입하거나 요소를 도입시킴으로써 다양성을 수용하는 태도를 보였다. 그러나 동시대의 매트빌딩의 양상은 주변의 요소와 힘을 자연스럽게 끌어들여 사건을 촉발시킬 수 있는 가변성과 지역자체에 녹아들어갈 수 있는 개념을 극대화시킬 수 있는 방법론을 보여주고 있다.

또한 현대의 매트빌딩은 도시구조로서의 외부 확장성보다는 단일건물로서의 완결성을 보여주는 사례가 많다. 내부에서는 다양한 창발의 공간들이 내

71. Candilis Josic Woods, Free University, Berlin-Dahlem, Germany, 1963-1974
72. 운생동, 광주 아시아문화센터 계획안, 매트빌딩의 동시대적 방법론

재적 질서의 구성을 찾아가며 그 자체 내에 하나의 균형을 이루는 경우가 많다. 60년대의 구조주의적 매트빌딩의 실험들은 근본구조를 연구하며 이성적이고 논리적으로 접근했다. 그러나 근본적으로 과학기술에 대한 낭만적 확신을 기본으로 하여 진행했던 대규모 실험은 한계가 있었던 만큼, 동시대의 매트빌딩의 방법론은 좀 더 기존 패브릭에 쉽게 녹아들어가면서 기존 도시패브릭과 기억, 문화 등 이면의 제반 요소들까지도 포함시키고 끌어들일 수 있는 한층 진화된 방법론을 선보인다. 그것은 하부구조가 되면서도 기존 패브릭과의 경계가 모호하여 잘 섞여들어갈 수 있는 구조를 선호한다. 후기구조주의의 근본적 취지와 잘 연계된다고 하겠다.

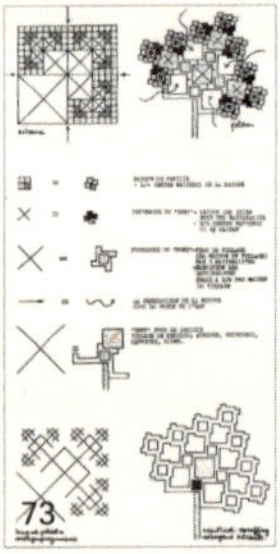

73

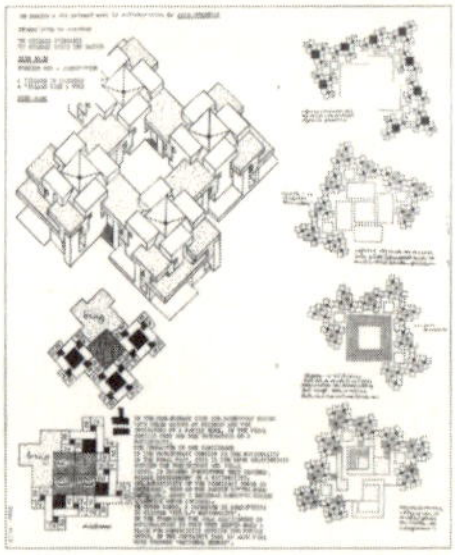

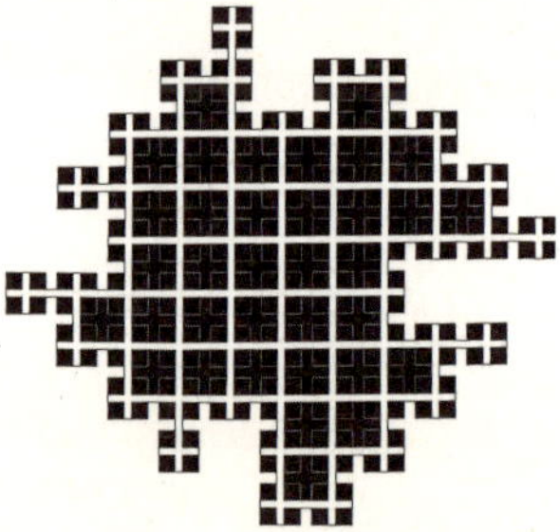

매트빌딩의 개념과 계획안 자체가 전체도시에 변화를 주고 영향력을 끼칠 수는 없었다. 대규모로 계획된 60년대의 메가스트럭쳐 계획들은 대부분 아방가르드로서의 운동으로 남고 오늘날 영감을 주는 사례로 남았을 뿐이다. 그러나 적어도 매트빌딩의 개념은 인류공통의 구조를 연구하고 그것이 도시에 확장되고 다양성을 수용하면서 동시에 다양한 요소들에 내재하고 있는 질서를 발견하여 안정화된 상태로 기능할 수 있도록 구성한다는 점에서 현대사유와 과학적 흐름과 일치하는 건축적 해결방식으로 자주 사용되고 있으며 오늘날 계속해서 후기구조주의적 방식으로 진화하며 그만큼 중요성이 더해지고 있다.

73. 기본구조의 확장과 변주, 헤르만 헤르츠버거 Baheer시청사, 도시가로의 내부화

–메타볼리즘Metabolism 그룹의 유산

매트빌딩의 개념과 더불어 비슷한 시기에 활발한 활동을 벌였던 일본의 메타볼리즘 운동은 매트빌딩에 동양적 생명의 순환개념과 유기체 개념을 접목시켜 당시의 개념에서 한층 진화된 모습을 선보였다. 기계적 사유로 통칭되는 근대의 이성적 사고관과 물질관은 건축에 많은 영향을 끼쳤으며 기능중심의 획일적인 통제성향은 건축 및 공간구조에 많은 폐해를 가져왔다. 이에 대한 반성가운데 인류는 자연과 합일되고자 하는 흐름을 만들었으며, 인류의 근본적인 구조로 관심을 돌려 이성적인 것과 함께 인문, 심리적 요소까지도 포함시켜 사유하고자 하는 흐름을 만들었다. 그것은 자연에 대한 관심과 유추를 통해 이성의 폐해를 극복하고 대안으로 자연의 구조로부터 지혜를 얻고자 하는 움직임으로 볼 수 있으며 생명의 움직임과 변화를 중시하는 생기론의 사유가 그러한 흐름을 주도했다. 이러한 흐름은 구조주의 건축의 경향과 함께 1960년대 초, 일본에서 활발하게 담론화되고 작품을 선보였던 메타볼리즘 운동은 건축사의 뚜렷한 족적을 남겼다. 구조주의 건축계열과 메타볼리즘 그룹 등은 공통적으로 도시를 이루는 건축의 근본구조를 연구하고 그것을 바탕으로 구조가 폭발적으로 확산되며 기존의 구조와 유기적으로 연계되는 메가스트럭쳐 건축을 실험하는 흐름을 만들었다.

서양의 구조주의 흐름과는 달리 일본의 메타볼리즘과 하부구조는 일본의 전통적 사상과 건축에서 더 나아가 불교의 윤회사상과 자연의 신진대사의 유기적 연계와 변화, 확장을 주된 주제로 하고 있다. 2차 세계대전의 결과로 남은 잿더미 위에서 움트기 시작하여 지속적인 생명력으로 활발하게 도시가 발전해 나가는 변화과정을 경험하고 목격한 당시 일본의 신건축세대에게 어떻게 보면 '유기체'의 개념은 자연스러운 선택이었을 것이다. '신진대사'라는 키워드가 의미하듯, 이들은 유기적으로 연계되어 성장, 변화, 쇠퇴를 사유하며 공간적으로 구성하는 방법론을 실험했다. 구성은 기본요소가 군집되는 형태와 클러스터화되는 형태와 함께 융통성 있는 변화의 요소를 포함한다.

이것을 동물로 생각하면 '변태'와 '변용'으로 연계해 생각할 수 있다. 여기에서 윤회와 순환의 개념은 바로 후기구조주의의 들뢰즈의 순환이론과 프랙탈의 미시구조와 거시구조의 자기유사성으로 순환하는 구조와 유사하여 연계된다. 또한 유기체로서의 성장 역시 기본구조가 창발하며 성장하면서 전체적으로 안정된 구조를 만들어 감에 있어서 마찬가지로 그의 사유와 연계된다. 그들은 신비주의적인 동양사상에 기초하여 불교의 윤회사상을 접목하여 서양건축기술을 받아들인 독창적인 사유와 건축적 흐름을 만들어 냈다.

메타볼리즘 그룹은 메타몰포시스metamorphosis의 개념을 중시했는데 이것은 에셔의 시각예술작품과 같이 시선의 이동에 따라 자연스럽게 변화하는 개념과 유사하다. 끊임없이 변화하며 운동하는 것은 들뢰즈의 의미의 생성 및 효과와 연계되는 양상이며 건축도시적으로 도시의 생명의 이미지, 변화의 이미지를 유추하는 개념과 연결된다. 쿠로카와 키쇼의 경우, 유기체의 DNA구조를 차용한 계획안을 제시했다.

쿠로카와는 아키그램의 플러그인시티와 같이 생성, 변화, 소멸의 순환을 인정하고 이에 대응하는 캡슐을 적용한 건축물을 실현했다. 나가킨 캡슐주택

74. 쿠로카와의 나가킨 캡슐타워, 1972
75. Arata Isozaki, City in the Air, IV, 1962

등이 메타볼리즘 그룹의 그러한 유기적 개념들이 성공적으로 현실화된 사례이다. 메타볼리즘 그룹에게 나무에 대한 유추는 이러한 신진대사와 유기체로서의 역할에 대한 직접적인 유추로서 작용하며 건축구축적, 형태적 실험의 대상이 되었다.

이소자키의 공중도시도시모델은 수목구조의 기본구조가 기존 도시 구조 위에 삽입되며 중첩되면서 군집을 이루는 기하학적 '숲'의 형태를 선보였다. 오다카 마사토와 마키 후미히코는 꽃의 조합이라는 작품을 통해 공간구조가 꽃의 구성원리와 유사한 실험을 실시했다. 연구자들이 숲과 나뭇잎의 구조와 같이 프랙탈의 자기유사성을 설명할 수 있는 주요한 대상들과 이러한 키워드들을 연구했듯이, 이소자키의 경우 역시 초기 구조주의적 관점으로 이러한 하부구조와 주변요소들의 연계를 연구한 것으로 볼 수 있다.

켄조 단케는 동경계획에서 거대도시 하부구조를 구성하고 하부구조를 따라 다양한 활동이 일어날 수 있는 공간을 구성하는 방법론을 제시했다. 이들 모두 도시의 근본구조의 조합을 통해 도시를 가로지르는 거대한 하부구조를 만들어 적용하고자 했던 공통점이 있다.

76. Kenzo Tange의 Tokyo Bay Project, 1960

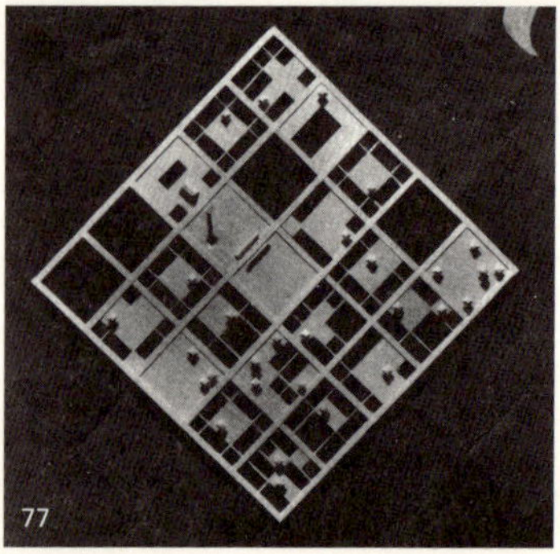

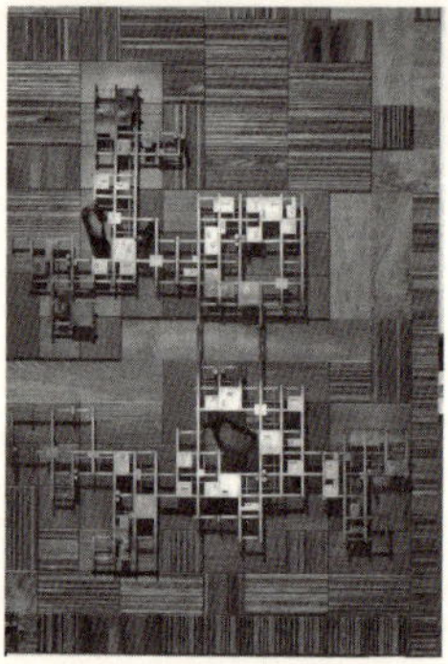

쿠로카와의 농업도시는 공동체로부터 4m 위에 필로티로 띄워진 인공구조물을 구성하는 방식으로 단면적으로 보면 몇 단계의 위계적 프로그램이 수직적으로 배치되며 기존의 공간구조와 반응하도록 하고 있다. 그는 노동, 사회적 활동, 개인생활에 할당되는 층별 프로그램을 배치하면서 하부구조와 생활이 유기적으로 연계되는 계획을 제시했다.

매트빌딩으로 대표되는 구조주의 건축의 메가스트럭쳐 움직임과 메타볼리즘의 하부구조에 대한 개념들은 구조주의적 개념에서 출발하는 성향을 지니고 있었다. 그러나 이러한 움직임은 1960년대의 과학기술에 대한 낭만적 맹신과 경제의 눈부신 발전, 물적 토대의 발전과 함께 근본적인 기본구조의 무분별한 확산을 의미했다. 한편으로 그것은 엘리트적이고 권위적인 구조의 삽입을 의미하기도 했다. 그것은 기존의 권위적인 사회가 여전히 유지되는 상태에서의 계획이라고 할 수 있다. 그것은 결국 1970년대 오일쇼크라는 물리적 한계속에서 철저하게 무너지고 말았다. 이러한 일본의 메타볼리즘으로부터의 영향은 후기구조주의 시대에 이르러 생성적 사유를 중심으로 실험을 계속하고 있는 현대건축가들의 작품에 훌륭한 사례가 되고 있다.

앞서 살펴본 바와 같이 60년대에 있었던 구조주의 계열의 건축운동은 인류가 만들어낸 도시 및 건축의 근본구조를 탐구하여 근본요소를 추출하여 조

77. 키쇼 쿠로카와의 Agricultural City, 1961

합하여 확장시키는 방법론을 실험했다. 그러나 근본구조의 무분별한 확장과 네트워크 구조의 획일성 및 거대화는 오히려 획일화된 권위주의의 다른 모습으로 비쳐질 수 있는 단점이 있었다. 이러한 양상은 앞서 살펴본 팀 텐에 속한 건축가군들과 네덜란드 구조주의, 메타볼리즘, 상황주의 건축가들의 사례들이 공통적으로 보이는 특성이다. 그러나 후기구조주의 시기의 매트빌딩은 이러한 단점을 극복하고 좀 더 환경친화적이고, 공공에 잘 녹아들며(심리적 요소 반영) 자기완결과 소통이 조화를 이루는 방향으로 진화하고 있다. 그것은 소외되고 무시된 요소들을 참여시키고 화해시키고 드러내며 보완하고자 하는 후기구조주의의 관심사항들과 연계된다.

8016 다핵도시polycentric city의 은유50)

도시는 살아있는 유기체이며 인류의 다양한 요소들과 욕망들이 어우러져 끊임없이 변화해나가는 들뢰즈의 '기계'와 같은 개념이 구체화된 것이다. 도시는 삶의 그릇이며 모든 외적변수에 대한 투쟁과 반응의 결과물이다. 하나의 강력한 핵이 중심이 되는 일반적인 대도시의 형태 및 구성과 함께 최근에는 그러한 개념에 대립적인 다핵도시에 대한 개념 역시 상향식의 방법론으로 구성되어 더욱 효율적인 기능을 발휘하는 대안적 사례로 주목받고 있다. 다핵도시에 대한 사례들은 들뢰즈의 매끄러운 공간 개념과 후기구조주의에서 논의하는 카오스, 프랙탈 등의 논의와 상당부분 유사한 맥락을 보이고 있다. 네트워크 도시론은 21세기 이후 대안적 도시체계로 주목받고 있으며 이 도시담론과 들뢰즈 공간담론의 잠재적 순환의 요소는 들뢰즈의 사고체계로 설명이 가능하다.

–들뢰즈 공간론의 네트워크 특성

들뢰즈의 철학은 차이의 철학, 사건의 철학, 탈주의 철학, 유목의 철학, 생성의 철학이며 기존 주체철학의 체계를 과감하게 벗어나 있다. 여기서 사건이

50) 8017의 내용은 임기택, 네트워크 도시론과 들뢰즈 공간철학의 잠재적 순환에 관한 연구, 대한건축학회논문집 계획계, v.26 n.06, 2010의 내용을 발췌 및 가공하여 구성한 글임.

란 생성과 변이의 관점으로 볼 수 있다. 기관없는 신체는 외부의 상황을 수용하는 면에서 매우 유연하며 펼쳐지는 과정에서 많은 감각적 흐름들을 수렴하고 포함하고 통과할 수 있는 네트워크적 복합체이다.

정주적 공간(홈 패인 공간)이라는 것은 명사나 형용사와 같은 것이라서 틀에 의하여 그대로 형성되는 것으로서 외연적 공간이라 칭할 수 있다. 그러나 유목적 공간이란 동사와 같이 질료가 움직이고자 하는 힘을 가짐으로써, 유동하는 형식이 형성되게 되고 그 움직이는 모양에 따라 형태를 다르게 형성하며 움직인다. 유목적 공간에서는 함수적 관계가 아니라 비유클리드적이고 위상기하적 공간체계가 이루어진다. 시공속에서의 '이질적 질서'를 찾는 다원적인 상황에서는 개체가 힘을 가지면서 계속적으로 이합집산離合集散되고 네트워크화 된다.

홈 패인 것에서 매끄러운 공간으로 넘어가는 순간이나 역순의 순간에 나타나는 변곡점을 특이점이라고 하며 그것은 공간이 꺾어지는 지점으로 시간이 현상세계를 지배하는 본질적이고 근원적인 요소라고 한다면, 들뢰즈 공간론은 홈 패인 공간과 매끄러운 공간의 이분법으로 모던과 포스트모던 도시화의 상반적인 내용을 설명하면서 차이와 탈주의 공간을 강조하고 있는 듯하지만, 그는 오히려 이러한 것들이 사실상 뒤섞여서 혼재하고 있고 끊임없이 서로를 이행하고 있다는 사실을 강조하고 있다.[51] 결국 홈 패인 공간과 매끄러운 공간은 위계적 공간과 소위 리좀적, 네트워크적 공간을 상호비교하면서 차이가 있는 부분을 설명하는데 단순 대립으로만 바라보는 것이 아니다. 그는 그것을 순환의 요소로 바라보면서 상호 이행하고 새로운 것으로 분기되며 창조되는 것의 내용을 분석하고 있다. 여기서 매끄러운 공간이라는 것은 결국 앞서 살펴본 바와 같이 열린 순환체계에서 잠재성이 충만한 상태로 기계화되고 현실화되는 네트워크적 개념이다.

51) 임기택, 이영수, 들뢰즈 공간담론과 포스트포디즘의 생산양식의 관계성에 관한 연구, 건축학회 22권 6호, 2006.6, p88

–중심지 이론과 네트워크 이론

중심지 이론으로 대표되는 대도시를 주제로 한 도시론이 최근까지 주요한 관심사였다고 한다면, 세기말과 최근에는 분업과 연계가 중심이 되는 다핵 polycentric 네트워크 도시의 담론이 주목받고 있다. D.Batten(1995)에 의하면 네트워크 도시란 인근에 위치한 독립적인 도시들이 기능상 상호보완적 협력을 통해 집적경제를 달성하는 경우로서, 네트워크 도시는 인근도시간의 관계를 중심으로 하여 외부경제의 장점을 취합하여 발전하는 군집형태를 이루어 거시적으로 보았을 때 연계성이 강화되며 대규모 메트로폴리스화되는 경우를 지칭한다. 이 경우 각 네트워크화된 도시들은 생산과 소비를 안정적으로 순환시킬 수 있는 방향으로 클러스터화되고 네트워크화된 공간구조로 변화하고 있다.

네트워크 도시론은 전통적인 중심지 이론과 상충되는 도시시스템에 대한 담론이다.[52] 네트워크형 도시담론은 중심지 체계형의 도시론이 갖는 한계를 극복하고 인근 도시간의 협력을 통한 상호발전 모델로서 네트워크 도시를 제시하였다. 이렇게 네트워크도시가 주목을 받는 이유 중 하나는 기존의 중심부를 집중적으로 개발하는 것은 일정정도까지는 도시부흥과 경제활성화에 도움을 줄 수 있지만 한계점을 넘어서게 되면 에너지의 효율성과 접근성이 약화되는 부정적인 측면이 다양한 부분에서 발생하기 때문이다. 또한 절충적인 형태의 분산적 집중도시와 같은 네트워크적 상보도시의 중요성이 증가하고 있다.

중심지 시스템	네트워크 도시 시스템
중심성	결절성
도시규모에 의존	도시규모의 중립성
수위(중심)도시에 종속(포섭)경향	수위(중심)도시와 보완성 추구
인근 도시간 동질적인 재화와 서비스 공급	인근 도시간 이질적인 재화와 서비스공급
수직적인 접근성	수평적인 접근성
일방통행식 흐름	쌍방통행식 흐름
교통비용	정보비용
공간을 초월한 완전경쟁시장	가격차별화를 지닌 불완전 경쟁시장

중심지 시스템과 네트워크 도시시스템 (권오혁, 네트워크도시의 연계구조와 발전전략(2005) 표 재정리)

52) 네트워크 도시에 관한 대표적인 이론가는 D. Batten과 L.Westin, R. Capello 등을 들 수 있다.

앞의 표는 중심지 이론과 네트워크 도시담론의 차이점에 대해서 분석한 것이다. 중심지 체계와는 구별되는 특성은 도시들의 배열의 특성, 개별도시의 독립성, 수평적 연계와 분업, 그리고 높은 성장률을 보인다. 두 가지 담론을 살펴보면 앞의 표와 같은 상반된 특성을 보이고 있지만 한편으로 이것은 물리적 연담화 현상이라기보다는 인근 도시간의 기능적 연계와 분업화가 심화된 결과로 보는 것이 바람직하다.

네트워크 도시의 정의를 살펴보면 3개 이상의 중심지가 각각 하위도시를 거느리면서 별개의 도시권을 형성하는 경우에 네트워크 도시라고 명칭하며 이런 도시군을 허브 스포크 도시hub & spoke 형태의 도시체계로 달리 부르기도 한다. 몇몇 학자들은 단일 중심적 도시와 회랑도시에 비하여 네트워크 도시가 더 나은 다양성과 창조성을 향유할 수 있을 뿐만 아니라 입지적 선택의 자유와 교통체증을 덜 느낄 수 있다고 지적했다. 이러한 도시체계는 중심지가 세계도시일 경우 더욱 효과가 크며 글로벌 도시-권역을 형성했다.[53]

바텐D. Batten에 의하면 다중심적인 도시 집적체로서 네트워크도시는 교통과 인프라를 기반으로 2개 이상의 독립적인 도시들이 기능상 상호 보완적으로 협력하고 범위의 경제를 달성하는데 기본적인 의의를 가지고 있다.

네트워크 도시의 전형적인 특징으로 네 가지를 들 수 있다. 첫째 네트워크 도시는 도로, 철도 등 교통망에 의해 연계되어 있으며 흔히 물의 도시가 축 혹은 회랑을 형성했다. (네덜란드 란트스타트는 그 대표적인 사례이다.) 둘째, 네트워크 도시는 각기 독립성을 갖춘 도시로서, 기능적으로 타도시에 종속되거나 공간적으로 연담화된 도시와는 구별된다. 셋째, 네트워크 도시에는 긴밀한 연계가 존재하고(그 결과)기능적 분업이 수행된다. 넷째, 네트워크 도시는 비 네트워크도시에 비해 대체로 성장률이 높다. 그리고 네트워크 도시내에는 중소규모 도시의 성장률이 대도시보다 상대적으로 높다.[54]

도시네트워크의 개념은 네트워크 요소, 네트워크 외부효과요소, 상호협조요소라는 세 가지로 구성된다. 네트워크 요소는 크리스탈러가 주장한 것처

53) 남영우, 도시공간구조론, 법문사, 2007, p563 인용
54) 권오혁, 네트워크도시의 연계구조와 발전전략-네덜란드 란트스타트를 중심으로, 공간과 사회 24, 2005, p22

럼 중심지들이 지역의 위계적 관계에 기반을 두고 발생하는 것이 아니며 새로운 유형의 동일규모 도시간 장거리 관계와 유사하거나 다른 특화를 보이는 관계에서 발생했다. 두 번째 네트워크 외부요소는 네트워크에서의 참여를 통해서 규모의 경제와 시너지효과를 달성하게 된다.

–다핵도시의 네트워크적 도시상황

서유럽의 대표적인 네트워크 도시군의 사례인 란트스타트Randstad는 대도시 중심의 도시발전이 경제 성장 및 국가경쟁력을 강화시킬 것이라는 국제사회의 인식을 뒤집는 대표적 사례가 되고 있다. 다핵도시Polycentric city의 전형을 보여주는 것은 네덜란드 란트스타트 지역으로 이 지역은 암스테르담, 로테르담, 덴하그, 유트렉 등 주요도시를 중심으로 형성된 네트워크 도시군을 지칭한다. 일명 델타메트로폴리스Deltametropolis라고도 불리며 다수의 도시들이 독립적이면서도 상호 유기적으로 연계된 광역행정 시스템을 만들면서 시너지효과를 이루고 있다.

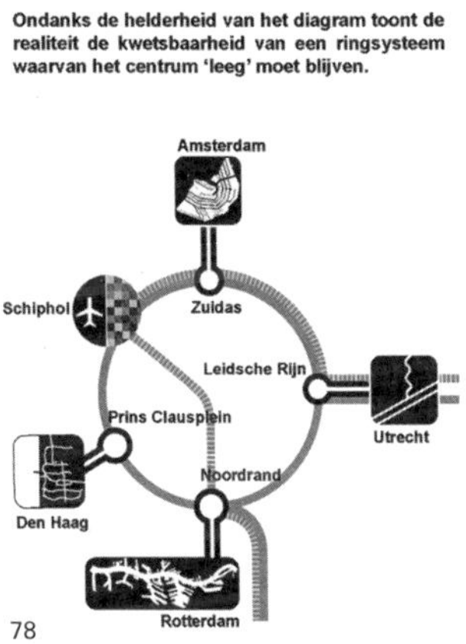

78

란트스타트 지역은 개발경제가 분절적으로 산업이 발전되고 인프라 건설계획 등에 있어서 중앙정부와 지방정부간의 협력관계가 성숙되어 있는 것이 네트워크 도시 개념으로 발전하게 된 근본적인 이유가 되고 있다. 공간적 네트워크의 개념(교통+공간 결합): 도로철도, 대중교통, 수상교통의 지역적 다핵심도시로 발전된 네트워크도 중요한 요소이다. 이 과정에서 중심도시는 배후도시연결체계(자족성 강화)를 통해 연계성이 강화되며 한정적 네트워크도 강화된다.

78. 란트스타트지역의 연계 다이어그램

앞의 그림은 암스테르담을 중심으로 철도로 15분 거리의 유럽의 허브공항인 스키폴과 사법수도인 덴하그, 유럽 물동량의 중심지인 로테르담과 동유럽의 철도허브와 창조산업도시인 유트렉 등이 연계가 되어 순환고리를 이루고 있는 내용을 다이어그램화시킨 것이다. 문화와 역사, 인문적 가치, 무역과 상업, 창조산업 등의 특화된 산업들이 연계되어 시너지를 이루고 잠재성을 극대화시키면서 순환을 강조하는 산업구조와 공간지리적 구조가 결합되어 있다.

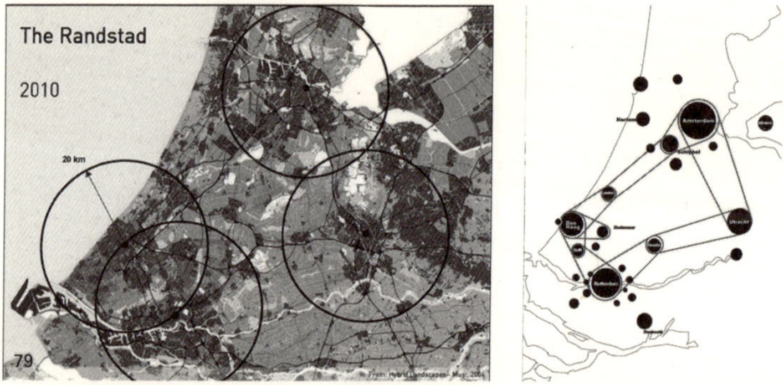

앞의 그림은 다이어그램에 이어서 란트스타트 지역의 핵심도시인 암스테르담, 덴하그, 로테르담, 유트렉 등이 모여 이루어지는 다핵순환도시와 각 핵이 또 다시 자족적 경계도시와 함께 네트워크화 되면서 허브 & 스포크 도시로서의 연계성이 강화되고 있는 진화적 상황을 현재지도의 도시화와 다이어그램으로 표현한 것이다.

란트스타트는 주요 결절지를 연결하는 환경과 교통 네트워크(환경+삶의 질을 네트워크로 실현)를 완성시키는 것을 추구하고 있다. 또한 저성장을 극복하기 위해서 새로운 기반시설의 정비를 추진(신자유주의적 시장질서 일부도입)하였다. 이 지역에서는 녹색환경을 늘려 주거가치를 높이는 정책을

79. 란트스타트 지역과 네트워크 도시의 사례, OMA Deltametropolis 다이어그램 인용

추진(자가 소유자의 실질적 지가 상승의 역할도 수반)하였으며 배후지역과의 교통 연계성과 환경정책을 상호 연결하는 정책을 동시에 추진하여 국제화 세계화 시대에 대응한 수도권계획의 새로운 패러다임이 되었다. 각 도시별 특성화 정책으로는 암스테르담이 금융 및 문화, 교육을 담당하고 덴하그는 역사문화와 상징적 의미의 유럽 캐피탈로서의 위상 정립을 추구하며 인터내셔널 시티로 성장을 이끌고 있다. 로테르담은 유럽 물류의 제일 중요한 항구이다. 유트레흐트 및 아인트호벤은 지식기반의 디자인 산업으로 집중 육성되고 있다.

란트스타트 지역은 광역수준의 지방공항과 인근 국가의 도시들이 활발하게 연계되는 전략과 인근에 지식기반 산업 및 대학 클러스터 연계하여 유럽내 지식교류의 확대방안을 마련하고 있다. 특히 지식기반 사업 중 디자인 특화도시 및 특화 대학을 육성(캐릭터 디자인, 산업디자인 등)하여 도시전반을 창조도시로 전환시키는 작업이 활발하게 추진되면서 네트워크적 도시의 특성과 장점이 어우러져 들뢰즈의 매끄러운 공간과 같은 안정적 네트워크의 경쟁력 있는 도시구조를 만들어 나가고 있다. 매끄러운 공간구조의 특성과 적절한 관리를 기반으로 하여 창조적인 시너지 효과를 만들어나가는 구조는 네트워크 도시구조의 대표적인 장점이다.

–네트워크 도시론과 매끄러운 공간

매끄러운 공간은 전술한 바와 같이 잠재성이 충만한 상태로 현실태 속에서 분기되어 나와 새로운 차이를 만들어서 순환구조를 이룰 수 있다. 들뢰즈는 잠재성이 충만한 상태에서 사물들의 배치와 연결관계속에서 분기되어 나와 새로운 접속관계를 만들게 된다. 그것은 기계가 되면서 차이를 만들어서 현실태가 되는 잠재적 순환과정이 핵심적인 사유이다.

매끄러운 공간에서는 잠재적 유목적 공간의 요소들이 등방적 관계를 통해 펠트적, 리만적 공간으로 나타나게 되고 이러한 등방적 관계에서 잠재성에 근거하여 새로운 배치가 시행되었다. 이러한 가운데 주물을 깨고 나가는 자유로운 질료의 힘이 발생하여 패치워크와 꼴라쥬적인 방식으로 차이가 나타나게 되었다. 이를 통해 위상기하적 차이의 공간이 나타나게 된다. 이러한 공간이 나타나는 것은 잠재태가 현실태가 되는 과정이며 현실태가 되면 이내 잠재태가 내포되어 영역이 점점 넓어지게 된다. 이러한 순환은 사실상의 이행관계이다. 즉 들뢰즈가 이야기하는 홈 패인 공간과 매끄러운 공간의 상호이행관계가 된다.

한편, 네트워크 도시에서도 일반적인 도시가 분화되어 진화되는 과정으로 설명이 가능하다. 기능이 분화되면서 중심도시 주변에 분산적 집중도시가 생성되기 시작하다가 이러한 도시들이 더욱 발전하여 자족적 경계도시가 되면서 새로운 배치에 따른 가능성이 생겨나고 새로운 조합(클러스터화)을 통해서 회랑도시가 나타난다.

계속해서 거점에 해당되는 전략적 신도시와 기존도시의 연계를 통한 네트워크 도시적 연계Hub & Spoke 현상이 나타났다. 이후 이러한 내용들이 네트워크적 도시로 진화한다. 네트워크 도시는 다시 콤팩트 도시의 논의와 함께 구조를 고도화하게 되었다. 사실 국가State와 탈주적 자본의 행태, 케인지안적인 홈 패인 활동과 신자유주의적 매끄러운 행태사이에서는 글로벌화와 글로컬화가 동시에 진행되면서 상호 이행의 관계를 만들어내고 있다. 이러한 상황이 바로 들뢰즈적인 잠재적 순환의 과정이라고 이야기할 수 있다.

매끄러운 것	들뢰즈 잠재적순환 거대순환/소순환		네트워크 도시	
			도시구조	프로그램 및 내용
잠재적 유목	잠재태 ▽	◁	분화의 시작 (기능의 분화)	변화의 가능성이 충만한 다음단계로의 쇠퇴
등방적 관계 (도시국가)펠트 리만적 공간,	배치, 관계 ▽		분산적 집중도시	새로운 기능의 도시기능복합화 (도시국가적 가치)
주물을 깨고 나가는 질료의 힘	기관없는 신체 ▽	△	자족적 경계도시	인근도시간 이질적 재화와 서비스공급
패치워크, 꼴라쥬적 병합	추상기계 ▽		회랑도시	새로운 조합 (신 클러스터링)
위상기하적 차이의 공간/필요성	분기 ▽	△	허브 앤 스포크 도시 (Hub & Spoke)	클러스터화의 용이성 시너지 효과
벡터적 위상기하의 힘	현실태 (거대순환) ▽		네트워크 도시	안정적 네트워크 신가버넌스
홈 패인공간↔ 매끄러운 공간 사실상의 상호 이행 관계(순환)	Grand Cycle Small Cycle 이행 순환	▷	State↔자본적 공간 공권력↔탈주적 공간 케인지안적↔신자유주의적 (글로벌-글로컬)상호이행관계	

앞의 표는 들뢰즈의 매끄러운 것의 개념과 관련하여 도시가 확장되고 재편되면서 매끄러운 것과 홈 패인 것의 상호이행과정중에 나타나는 기관없는 신체와 추상기계로서의 작용을 분석하며 도식화 한 것이다. 중심지 이론으로부터 현대 도시 공간 구조의 변화과정에서 보여주었던 기능의 분화와 재편, 그리고 분기를 통한 새로운 기능의 연계를 통해 기계의 개념을 확인할 수 있다. 이렇듯 잠재태와 현실태의 잠재적 순환과정은 거시적, 미시적으로 계속해서 순환과정을 이루게 된다. 그 가운데 이러한 순환은 집적을 통해 자본의 확장을 가져오게 되며 점차 규모가 확장되게 된다. 도시영역에서 들뢰즈의 매끄러운 공간에 대한 사유와 현실에서의 네트워크적 공간은 유사한 부분이 많다.

표. 매끄러운 공간과 네트워크 도시의 잠재적 순환과정 분석

다음의 그림에서 보는 바와 같이 De Jong은 도시영역에서 가능한 것possible과 desirable(욕망하지만 현실적으로는 성취되기 쉽지 않은 것)과의 사이에 probable의 개념이 바로 도시계획이 디자인이 추구해야할 것으로 역설했다. 단순히 가능한 것은 우리가 물리적으로 쉽게 볼 수 있고 쉽게 성취할 수 있거나 따라할 수 있는 영역의 것들, 다시 말해 사회, 경제, 기술적으로 따라할 수 있는 영역에 국한된다고 할 수 있다. 그러나 probable의 영역은 들뢰즈가 이야기한 잠재성의 차원이 현실태가 되고 분기되어 차이화를 이루면서 순환하는 요소가 될 수 있는 잠재성의 영역을 가리킨다고 할 수 있다. 가능태가 아니고 욕망으로만 이루어져있는 desirable의 영역도 아닌 잠재성이 충만해지면서 현실태가 되는 창조적 영역의 매끄러운 공간이 되어야 함을 역설하고 있다.

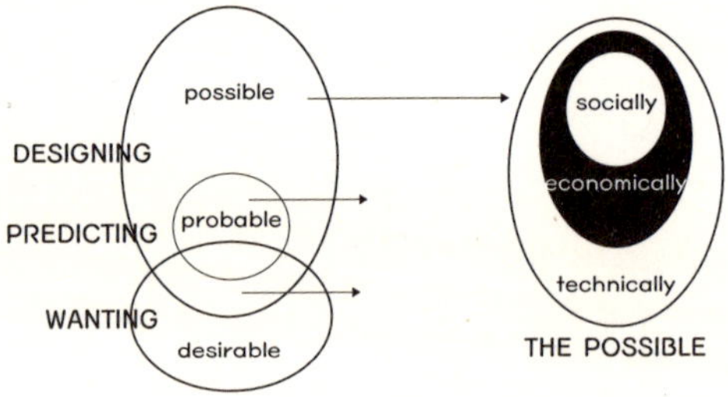

80

네트워크 도시체계는 관계를 통한 새로운 분기와 창조성이 중요한 차이를 만들어내는 근본적 요소라고 언급했듯이 쌍방향의 흐름을 통한 이질적 재화와 서비스를 공급함으로써 상호보완적인 관계속에 새로운 창조적 산업이 발생할 수 있는 가능성이 높아진다. 이것은 관계와 배치를 통한 새로운 창조의 가능성이 더 높아지는 경우이다.

앞의 그림에서 보는 바와 같이 잠재성을 지닌 유목적 특성의 매끄러운 공간의 특성은 결국 다양한 네트워크적 잠재성을 도출시켜 분기와 차이를 만들어나갈 수 있는 잠재성이 충만한 공간적, 지리적 구조화를 의미하는 것이

80. 미래예측 De Jong, 1998

다. 이것은 마치 붕어빵이 주물을 뚫고 혹은 비집고 나와 새로운 무언가가 되거나 다른 영역으로 옮겨가거나 깨고 나가는 질료의 힘과 같이 충만하게 에너지가 넘치는 상황이다. 주도적이라기보다는 새로운 관계설정을 통해서 각 주체가 동등한 가운데 전체적인 네트워크의 힘이 시너지효과를 만드는 관계에서 새로운 의미가 생기는 것이 들뢰즈적인 네트워크적 도시의 요소라고 할 수 있다.

–클러스터와 안정적 가버넌스

전술한 바와 같이, 유목적 공간에서는 함수적 관계가 아니라 비유클리드적이고 위상기하적 관계의 공간체계가 이루어진다. 2000년대 들어 가버넌스의 개념과 함께 새로운 관계로부터 만들어지는 안정적이고 예측가능한 창조적 관계가 생성되고 있다.

클러스터 이론은 비슷한 업종의 다른 기능을 하는 관련 기업 및 연구기관, 대학들이 일정지역에 모여 네트워크를 형성하는 것이 중심이 된다. 산·학·연 네트워크를 바탕으로 하는 클러스터가 지역발전의 핵심 역량으로 떠오르며 지방의 산업단지를 중심으로 '혁신 클러스터'를 구축하겠다는 정부의 움직임에도 가속도가 붙고 있다. 지난 60~80년대에 설계된 산업단지는 단순 생산기능의 집적을 통한 규모의 경제실현이라는 시대적 사명을 충실히 수행해 왔으나 혁신주도형 경제시대에 더 이상의 성장에는 한계가 있다는 지적을 받아왔다. 국내 산업단지 내 전통적인 제조업은 갈수록 고용창출 능력이 떨어지고 기업의 설비투자가 약화되고 있다. 세계적 혁신 클러스터 도시들은 모두 국가의 총 연구개발 자원을 한 지역에 집적해 시너지 효과를 극대화하고 있다. 이렇게 시너지가 극대화되는 과정에는 시대적 흐름에 적합한 새로운 통치행위가 핵심이다.

지방자치제가 활성화되면서 지역기반의 산업 클러스터 육성은 정책 입안자와 정책기관 및 대학과 민간기업의 당사자들에게 선략적으로 매우 중요한 문제가 되었다. 클러스터의 구성요소는 국지화, 네트워킹, 뿌리내림(글로컬화)과 제도적 밀집, 혁신 시너지 등의 요소들을 들 수 있다.[55] 이른바 홈패임과 매끄러움의 조화 혹은 상호 이행관계이다. 안정적 가버넌스는 국민국가라는 한정된 범위가 아니라 정부조직(계층제)과 기업, 시민사회, 세계체제 등 이들 모두가 공공서비스와 관련하여 네트워크(연계, 상호작용)를 강조하는 개념으로 이해되어야 한다. 이렇듯 안정적 가버넌스의 요건은 중앙정부, 지방정부, 정치적, 사회적 단체, NGO, 민간 조직 등의 다양한 구성원들로 이루어진 네트워크를 강조한다는 사실이다. 각 주체의 협력가운데 효율화된 시스템을 형성함으로써 새로운 가치를 형성시킬 수 있다. 이른바 네트워크적인 가치이다.

네트워크는 상대적으로 안정적이고 예측가능한 것으로 진화되면서 잠재성이 현실화되는 가운데 자본적 요소가운데 부가가치를 생성시킬 수 있는 변화의 탈주적 요소들이 접목되는 과정을 거치게 된다. 이 과정에서 자본순환의 동력이 되는 요소들이 창조적으로 분기된다. 특히 이러한 순환과 잠재성이 현실태가 되면서 도시적인 현상으로 나타나는 것은 단순한 집적과 배치가 아니라 배치속에서 상호작용하여 창조적이고 분기적인 관계가 만들어지는 클러스터화와 가버넌스의 개념과 일치한다. 또한 이러한 요소들은 다시 분기하여 진화하는 과정이 잠재적 순환의 과정을 거치면서 진화하는 모델과 유사하다. 이러한 체계에서는 잠재성이 충만한 가운데 배치를 통해 분기되고 기계화되는 복합화를 통해 차이를 만들어내고 다시 잠재성이 충만한 새로운 배치를 만들어내는 순환체계가 생성된다. 특히 차이를 만들어낸다는 것은 자본상에서 정체성과 자본적 우위를 만들 수 있는 안정성과 빠른 순환을 만들어낼 수 있는 구조로 진화함을 의미한다. 이러한 잠재적 순환속의 분기와 차이를 만들어내는 과정과 잠재적 순환과정은 들뢰즈의 매끄러운 공간을 분석한 것, 노마드적 가치와 방법론의 이론적 함의와 함께 고도화된 선진국의 도시구조가 분화하여 공고화되어가는 과정, 다시 말해 안정

55) 이석희(2004), 전략산업 중심의 클러스터 형성과 육성방안, 한국국제 경영관리학회, p221

적인 자본순환에 맞는 구조로 진화하는 상황이 설명가능하다.
프랙탈은 카오스적 상황에서 나름의 내재적 질서를 갖추면서 자기유사성의 형태로 증식되는 과정을 통해 거시적 시점의 순환구조를 이루는 것을 의미한다. 미시적 시각으로 보면 규칙이 없이 다른 방향 다른 벡터와 힘으로 창발하는 것같이 보이지만 전체적인 시각에서 보면 내재적 규칙의 연속으로 인해 하나의 큰 흐름을 보이며 순환되며 안정화를 이루게 된다. 네트워크 도시론은 도시를 이루는 유기체적인 요소들이 각각의 이해관계에 의해 입지하는 과정이 프랙탈적 요소와 같이 미시적 입장에서 보면 다르게 보이는 것처럼 보이지만 내재적 질서와 자본 혹은 사회를 이끌어가는 원동력에 의해 질서를 이루면서 안정화를 이루어가는 과정과 유사하다. 중앙집권적인 하향식 계획과는 달리 자발적이고 창발되는 상향식의 분권적 구조는 네트워크 이론으로 설명가능하며 그것은 도시적 요소들과 발생요인 및 사회적 공간적 구조를 설명할 수 있는 좋은 철학적 구조가 되고 있다.

8017 도시의 클러스터화와 후기자본시대의 은유

포스트마르크시스트로 분류되는 들뢰즈의 저작은 흥미롭게도 조형적인 분야에서 좀 더 많은 영감을 받고 있는 것이 사실이지만 그의 저작은 분명 자본의 변화과정에 대한 영감에 의해 저술된 것이다. 특히 기계의 내용과 '~되기'의 개념, 그리고 순환구조와 시간의 개념은 역시 자본의 발전과정에 따른 순환주기의 가속도, 집적, 자본의 분화와 신속한 변형을 통한 변화과정을 상징하고 있다. 관계를 맺어나가면서 계속해서 다른 것으로 분화되고 변화되어 가는 열린 구조는 순환주기의 가속도를 통해 더 많은 자본의 집적이라는 목적을 이루기 위해서라면 어떤 것이라도 열려있고 변형가능한 자본의 속성을 대변한다.
인간의 욕망에 근거하고 대리적인 흐름으로 나타나는 경제의 모습은 유기체와 같은 성격을 띠게 된다. 시간의 흐름에 따라 유기적인 진화적 양상을 보이는 경제의 흐름은 도시공간속에 욕망이 투사되어 물질화, 공간구조화 되며 진화적 흐름, 변화의 흐름을 보이게 된다. 경제는 자연스럽게 효율성을 기본으로 하여 시스템적이고 매커니즘에 의해 각 요소들이 관계를 맺고 작동하면서 욕망의 목적을 획득해 나간다. 포디즘에서 포스트포디즘으로의 변화는 기존 구조의 지나친 규율과잉으로 인한 자본순환의 문제점을 극복하기 위한 유연한 진화과정이었다. 그것은 좀 더 예측가능하고 저항이 적은 순응의 통제방법론이었다. 전체주의적인 수목적 구조에서 유연적 네트워크 구조로의 변화는 유연적 구조가 보다 효율적이고 대처능력이 뛰어난 자본순환의 유연성을 획득한다는 의미를 가지고 있다. 따라서 조직 역시 네트워크적, 유연적 변화를 통해 외적변수와 변화에 민감하고 신속하게 변화하여 효율성을 기할 수 있을 때 경쟁력을 획득하여 살아남을 수 있고 원활하게 자본의 순환을 가속화하고 집적시킬 수 있게 된다.

포디즘에서 포스트포디즘으로의 유연적 변화는 신보수주의적 탈규제주의로 대표되는 유연성 획득이 최우선적으로 중요하며 그것은 들뢰즈의 추상기계와 욕망의 흐름에 따른 배치로 인해 유연하게 기계적으로 생산체계가 진화해나가는 것과 유사하다. 자율규제를 하게 하여 조직의 규범을 준수하도록 하는 것은 역설적으로 '통제'이다. 자회사의 공간도 새로운 배치와 새로운 방법론으로 바뀌지만 더 중요한 것은 소유권의 배치마저도 바뀌면서 아웃소싱되어 기업의 경계가 점차 허물어지거나 확장되고 있다. 시장 매커니즘으로 알려진 현대의 경제제도(유기체)는 상품을 생산하고 분배하는 일(생존)을 보다 효율적으로 촉진시키려고 자연적으로 선택된 진화의 산물(유기체)로 볼 수 있다.[56] 시대의 여러 요인에 따른 필요사항에 따라 경제적 요소가 진화되며 바뀌어나가듯, 원활하고 안정적이고 예측가능한 생산과 소비의 시스템으로의 진화는 자연스럽게 도시공간구조와 건축의 생산 및 소비공간 구조를 변화시켜왔다.

56) 시오자와 요시노리, 왜 복잡계 경제학인가, 임채성 역, 푸른길, 1999, p177

네트워크 조직은 여러 곳에 흩어져 있는 여러 기업의 자산이 창출하는 부가 가치를 연결하여 공동으로 이용한다. 시장 매커니즘에 의존한다. 각 주체는 상호간에 의존관계가 있다는 사실을 인식하여 다른 주체와 정보를 공유하고 또한 협력하며, 네트워크의 연결망 속에서 자신의 지위를 확보하고자 자신의 작업을 전문화한다.

81

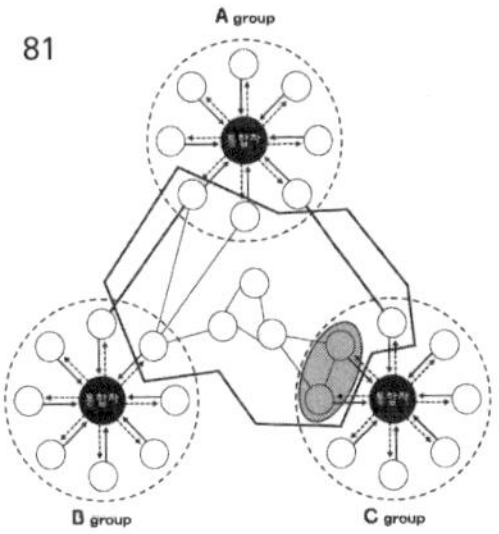

네트워크조직은 앞의 그림에서 각 기업들과의 부분에서 상호 겹칠 수 있는 부분의 조직들이 분화하여 서로 공유하면서 비용을 절감하고 유연성을 증대시킬 수 있는 구조를 지향한다. 이러한 성향의 조직은 연구개발, 원료, 생산, 자재공급, 판매, 금융에 이르기까지 전문화의 경계를 극대화한다. 이 시스템은 언제든지 욕망의 흐름을 구체화하고 새로운 외부적 변화사항에 대처할 수 있도록 열려있는 양태이다. 노동구조 부문은 다양화를 통해 업무효율과 비용의 절감 유연적체계로 변화되며 업무효율화를 꾀하고 있다. 이는 자본에는 생산성, 노동효율성, 비용 경쟁성 등을 높여주었고, 노조에게는 기업의 의사결정에 참여하는 새로운 노사관계의 확립시켰다. 권한과 책임의 분산, 생산의 분산, 유연한 자동설비의 도입을 통한 생산의 재조직화, 그리고 생산의 지역화regionalization는 오늘날의 노동구조를 대변하고 있다.

–벤쳐진화와 네트워크 산업의 변화

벤쳐 생태계의 경우 스스로 진화, 분화하는 자기증식self-proliferation의 속성을 가지고 있다. 공진화란 "상호의존적인 종들이 끊임없이 상호작용하면서 진화하는 과정"57)이라고 표현했다. 그것은 두 실체들이 서로 영향을 주고받으며 자신들을 진화시켜 나간다는 의미를 가지고 있다. 클러스터의 사전적 의미는 유사한 종류의 집단이다. 즉 '유사성과 보완성으로 연결된 기업과

80. 미래예측 De Jong, 1998

57) 첫째, 환경의 변화에 따른 기업의 적응으로, 새로운 조직 유형이 등장하는 것이다. 환경의 변화가 있었고, 그 새로운 환경은 기존 조직 유형으로 감당하기 어렵기 때문에 새로운 조직 유형을 만들도록 요구한다. 둘째, 기업전략변화에 따른 새로운 조직 유형의 등장이다. 특정 지역공간은 그 지역 특성에 따라 고유의 벤처 생태계의 조건을 구축한다. 그 지역에 입지하는 벤쳐 기업들은 지역 생태계의 영향권에서 결코 자유롭지 않다. 벤처도 지역 생태계에 영향을 행사하면서 상호 영향을 주고받는다.

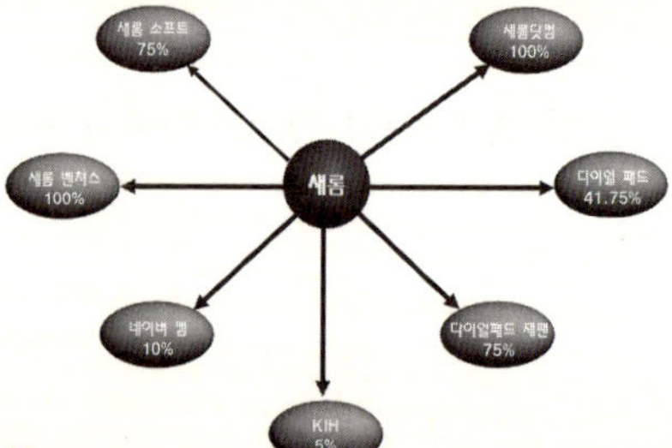

82

기관의 집합체'라고 할 수 있다. 과거의 산업집적이 기업체들만의 모임에 치중했다면, 클러스터는 기업뿐만 아니라 다양한 지원기관과 공급기관들이 참여하는 집합체이다. 클러스터는 경쟁기업과 부품소재 등의 기업, 대학연구기관, 법률 및 회계 등 지원 기관이 특정 지역에 모여 네트워크를 구축하여 새로운 혁신을 이루는 집합체로 정의할 수 있다.[58] 그것은 기업간 협력과 기업과 연구기관 등의 네트워크에 의한 협력이다. 네트워킹을 통해서 혼자서는 생각하지 못할 지식, 기술, 노하우를 보완하게 된다. 1990년대부터 클러스터 이론은 설득력 높은 지역혁신이론으로 부각되었다.

–지역연계 클러스터 네트워크

지역 생태계로서의 제도는 시장 인프라, 문화인프라는 창업문화, 지역내 기업가정신의 정도, 벤처와 기업에 대한 정서, 사회자본의 개념을 포함한 착근성 등이 있다.

① 과거 공업사회에서의 조직구조는 태양계형이자 피라미드형이지만, 클러스터형은 수평형 순수 지주회사로서 본부가 집중통제하지 않는다.

② 순수 지주회사 주변에 있는 클러스터형은 100% 자회사이지만 이들도 오퍼레이션을 전혀 하지 않는다. 해당 분야의 지역 전략을 세울 뿐이며 하부의 분사된 사업 회사들이 사업을 수행한다.

82. 컴퓨터 관련 산업 업체 구조도

58) 최근 지리적 근접성이 기술혁신에 중요한 도움을 준다는 인식이 강해졌다. 암묵적 지식이 교류는 지리적 근접성에 의한 대면 접촉과 높은 신뢰, 그리고 유대를 통해 얻는다.

③ 사업 회사는 각자의 환경에 맞춘 개별 브랜드로 세분화하여 독립해 있으며, 그 브랜드 톱은 그 비즈니스의 창업자들이다. 통합자는 그룹 전체가 시너지 효과를 낼 수 있도록 영향을 끼치지만 명령은 하지 않는다

와 같은 내용이 가장 큰 특징이다.

–네트워크 클러스터의 공간화 방향성

오늘날의 주요한 도시와 관련된 현상으로, 세계화라는 추세와 더불어 지방화localization현상 역시 동시에 진행되고 있다. 지방화란, 세계화에 상대적인 의미 이외에도 중앙정부로부터 지방정부로의 권력이 이행되는 과정을 의미한다. 다시 말해 세계화의 특성이 각 지역에 지역성과 결합되어 지역내 사회적 관계에 뿌리내려져 새로이 변모하는 현지화, 국지화, 지역화가 동시에 진행된다. 즉, 세계화가 전세계적인 보편화를 의미한다면 지방화는 이렇게 들어온 보편적, 세계적인 것이 획일적으로 지방에 적용되는 것이 아니라 지방적 특수성에 의해 변용 및 진화의 과정을 겪는 것을 말한다. 클러스터화는 단순한 집적을 넘어서서 민, 관, 학의 이질적 기능의 요소들이 배치되고 집적하면서 상호보완의 시너지 효과와 공생관계와 경쟁관계를 지속하면서 창조적이고 차이를 만들어낼 수 있는 잠재성이 현실화되는 과정이라고 볼 수 있다.

할로우의 근린 중심지구에서 가장 중요한 점은 계획가들이 예전과 같이 저밀도로 도시 외곽부분을 개발하는 것을 반대하지 않았다는 점이다. 그들은 도시의 외연적 확장이 초래하는 문제들을 언급하면서 예전보다 고밀도로 기존 주거지 옆에 새로운 시가지를 건설했다. 수직적 분리는 기업 내부의 기능이 분화되어 상호 의존적 기업이 출현하는 것을 의미하며, 수평적 분리는 기업 내부의 규모가 축소되어 복수의 유사한 기업이 출현하는 것을 의미

59) 새롭게 바뀐 경제 환경속에서 규모의 경제를 추구하던 거대 기업은 소규모 기업들로 나뉘어지면서, 네트워크화 된 분사, 위탁경영outsourcing 등의 형태로 구조변환을 시도하고 있다.

한다.[59] 이러한 환경속에서 연관성이 높은 기업들은 기업 간의 거래에서 발생하는 거래비용을 절감시키는 동시에, 급변하는 수요를 충족시키기 위하여 특정 지역에 집적하게 된다. 유연적 생산의 공간적 거점이 되는 새로운 산업공간은 이른바 신산업지구 라고 불리우기도 하며 대표적인 사례로는 미국의 실리콘 밸리, 루트128, 이탈리아의 제3이탈리아, 프랑스의 소피아 앙티폴리스, 대만의 신주과학산업단지 등이 있다. 대도시권 외곽의 미개발 지역 또는 교외 지역에 입지한다. 공통된 특징은 동종의 관련산업이 광범위하게 집적하여 입지특화의 경제localization economics를 실현하고 있다.[60]

유형	내용
1. 노동집약 수공업 생산 클러스터,	의류산업 등의 저임금(이민자)의 산업 조건, 엄격한 하청 네트워크
2. 디자인 집약 수공업 생산클러스터	기술력을 갖춘 중소기업들의 긴밀한 네트워크 기반 (이태리의 중소도시 디자인 명품)
3. 하이테크 혁신 클러스터	정보통신, 바이오기술과 관련된 첨단기술력, 노조역사가 적은 지역에서 발견되는 유형
4. 유연적 생산 허브-스포크 클러스터	소수의 대기업과 다수의 납품 하청 네트워크가 조직되면서 나타나는 형태 (시애틀 항공사업, 토요타 자동차사업 등)
5. 위성형 생산 클러스터	외부소유의 분공장이 집적, 사회적 네트워크 부족 (인센티브나 특정 노동시장 조건 이유)
6. 비즈니스 서비스 클러스터	금융서비스, 광고, 법률, 회계 등의 서비스 산업이 집적되어 있는 곳을 의미한다. (세계적 대도시, 대도시 배후도시에 위치)
7. 국가기관 주도형 클러스터	대학, 방위산업연구기관, 교도소, 공공기관 등의 국가기관이 주도할 수 있는 영역 정책적 시행-국가기관이 공공의 이익강화 집적되고 클러스터화 되는 경우

마르쿠센Markusen이 구분한 클러스터 유형을 보면 클러스터의 유형은 다음과 같이 요약할 수 있다. 1. 노동집약적인 수공업적 생산 클러스터, 2. 디자인 집약적인 수공업적 생산 클러스터, 3. 하이테크 혁신 클러스터, 4. 유연적 생산 허브-스포크 클러스터, 5. 위성형 생산 클러스터, 6. 비즈니스 서비스 클러스터, 7. 국가기관 주도형 클러스터 등의 유형이 있는데, 각각의 유

60) 서양도시계획사, 대한국토, 도시계획학회 편저, 보성각, 2001, p564
표. 클러스터의 유형과 주요특징

형특성을 살펴보면

1번의 경우, 멀티모달multimodal 교통시스템과 결부된 도시를 중심으로 혹은, 저가항공사의 인근국가 네트워크를 새로 구축하면서 발전시킬 필요성이 있다.[61] 2번의 경우, 기술력은 어느정도 갖추고 있으나 초일류의 기술력과 디자인력이 아직 부족하며, 이런 사업의 특성상 전통과 세계인이 기본적으로 가지고 있는 기존고정관념이 또한 중요하기 때문에 이태리정도의 수준으로 발전한다는 것은 사실상 쉽지 않은 것으로 판단된다. 결국, 우리나라의 경우 3번과 4번 7번등이 현실적인 대안이라고 할 수 있는데 4번의 경우는 각 지역별로 대기업들이 나름의 경제적 이윤창출을 위해 집적되어 있으므로 논외로 하고 3번과 7번의 내용이 국가적인 정책과 함께 지방의 특화 산업과 연계하여 논의되어야 한다.

결국 핵심적으로 이야기하면, 정책개발 및 지역간 협의체인 지역개발기구가 쇠퇴산업단지와 지역경제의 핵심적 역할을 담당해주는 것이 좋은 방법론이다. 이렇게 입지, 특화되는 과정은 글로벌화와 글로컬화가 동시에 진행되는 가운데 자연스럽게 민관학이 시너지를 일으킬 수 있는 안정적인 네트워크를 만들 수 있는 특화방향으로 강화되는 경향을 보인다. 이것은 앞서 언급한 네트워크 조직과 후기구조주의의 논의와 연계되며 형태적으로 보았을 때 카오스속 프랙탈의 내재적 '질서'를 만들어가는 과정과 연계된다.

–지역사회와 네트워크된 현지화localization 의 통제강화 현상

후기자본 사회의 지역사회의 공통된 특징은 동종의 관련 산업이 광범위하게 집적하여 입지특화의 경제localization를 실현한다는 것이다. 모든 것이 한곳에 집적되어 있고, 이는 또 다시 새로운 기업을 끌어들이는 고정효과lock-in effect를 낳고 있다. 기억이 집적된 지역의 사회적, 제도적 환경이 상호학습을 뒷받침해야 하기 때문이다. 즉, 분회되면서 파편화되어 네트워크화 되는 양태가 위

61) 두 가지 이상의 상이한 운송수단(선박과 철도, 선박과 비행기)에 의하여 승객이나 화물이 목적지까지 운반되는 운송형태를 말한다.

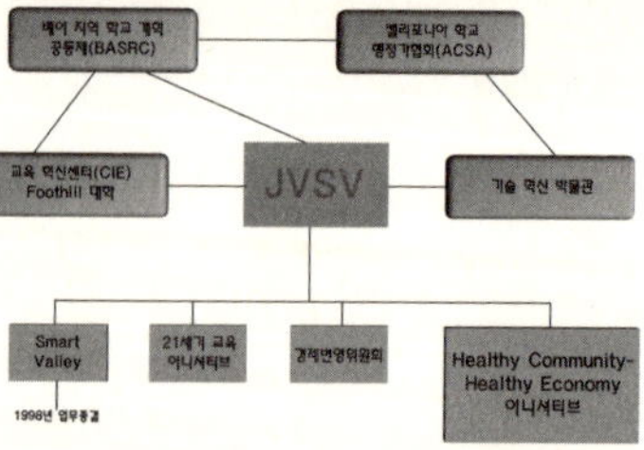

83

계가 와해되는 듯 보이지만, 오히려 더욱 안정적인 관리가 가능해진다.61)

이러한 지역화를 위해서는 지역사회의 다양한 주체들 간의 네트워크 구축과 신뢰형성이 필수적인데, 이러한 네트워크와 신뢰는 지역이 지니는 독특한 문화나 사회적 환경, 제도 등에 크게 좌우된다. 이와 같이 지역에 뿌리내림embededness을 통해 혁신을 이루어 나가는 것을 '지역 혁신체제'라고 한다. 경제적 협력관계가 '세계화'되었음에도 불구하고, 특정 산업 클러스터 내 기업들 사이의 상호작용은 반대로 '지역화' 되고 있다. 세계화는 순전히 탈장소성의 힘으로만 이해될 수 없음이 밝혀지고 있다. 신산업지구, 지역혁신체계의 출현은 세계화 및 신자본주의의 흐름 속에서도 오히려 지방의 사회, 문화적 특성, 즉 지방의 장소성이 중요함을 새삼 확인시켜 준다.62) 도시 참여행정은 간단히 표현하자면 도시정부, 기업, 그리고 지역 내 커뮤니티 조직으로 이루어지는 3자가 공동으로 도시의 문제를 협력적인 관계 속에서 풀어나가는 행정, 통치방식이다.

포스트모던 도시출현의 물적 조건은 모던도시의 지배적인 기술 산업체제였던 '포디즘'이 소위 말하는 포스트포디즘 혹은 유연적 체제로 이행하는 데서 찾아진다. 이 같은 도시경제의 변화는 세계자본주의가 재편되는 현상을 반영하는 것이지만, 이의 도시적 과정은 기존의 계층구조나 공간분화 패턴을 변화시키는 노동과정, 기업관계, 분업구조, 생산-소비관계 전반을 재편하는 것으로 나타난다. 즉 구상과 실행의 결합, 노동과정의 분절화, 자율화, 외부화, 협력과 신뢰를 바탕으로 하는 기업간 네트워크 분업화의 심화, 다기능 노동자의 출현, 생산자 서비스업의 확산 등은 유연적 산업조직의 등장결과

61) 기존 포디즘 체제에서는 기업 자체의 연구, 개발 투자가 혁신의 가장 중요한 요소로 간주되었으나, 최근에는 기업의 연구 개발은 기술 변화의 30% 정도밖에는 설명하지 못하며, 오히려 기술의 혁신에서 가장 중요한 것은 고객, 경쟁기업, 연구소, 상공회의소, 공공기관, 지방정부 등 다양한 외부자원과의 지속적인 상호작용을 통한 학습인 것으로 인식되고 있다.

83. JVSV의 지역 협력체계

62) 지방의 다양한 문화 및 전통, 인적 조직적, 지적 자원 등 무형의 관계적 자산이 생산 활동의 효과적 운영에 동원되고 통합되고 있는 것이 오늘날의 경향이다.

로 나타나는 도시경제의 주요한 변화양상이다. 그것은 포스트모던 도시가 하비가 말한 탈현대적 삶의 시, 공간적 압축을 매개하고 담아내는 장으로 바뀌고 있는 것을 의미한다. 정보흐름, 상품의 생산분업과 시장거래, 금융거래, 문화활동, 정치적 협상 등이 도시를 매개로 지구화가 되고 있는 것은 바로 포스트모던 도시의 새로운 기능이다.

–신자유주의 시대의 도시적 특성

신자유주의의 물결은 이미 80년대 말부터 전세계적으로 국가의 장벽을 허물며 세계화를 가속화시키고 있다. 1990년대 들어 사회주의권이 해체되면서 미국과 서양을 중심으로 하여 견제세력이 없는 신자유주의 체제가 구축되기 시작했다. 우리사회도 IMF라는 금융위기를 계기로 그 흐름에 완전하게 편입되었다. 신자유주의란 자본주의의 역사에서 완전히 새로운 형태가 나타난 것이라기보다는 오히려 초기의 자유방임적 자본주의로 되돌아가려는 경향을 말하는 것이다. 자유주의자들이 주장하는 국가는 국방과 치안을 맡기만 하도록 하는 '최소국가', '자유방임적 시장경제' 원칙을 세웠다. 그러나 이후의 자본주의 전개 과정에서 비약적인 경제 성장에도 불구하고 고전경제학자들의 낙관적인 신념과는 달리 주기적인 불황, 공황으로 자원의 막대한 낭비, 격심한 빈부격차와 이로 인한 사회 불만의 팽배, 사회주의 운동의 도전과 같은 자본주의 체제를 심각하게 위협하는 부정적 현상들이 나타나게 되었다. 우리나라도 예외는 아닐 것이다. 자본주의 국가들은 노동자계급의 불만을 덜어주어 이들을 자본주의 체제 내에 묶어 두고자 갖가지 구빈 대책이나 사회 보장 제도와 같은 수정 자본주의적 정책을 채택하기 시작하여 현재에까지 이르렀다.

또한 신자유주의는 경제적인 특징으로 보았을 때 감세정책으로 대표된다. 보통 기업들이 활발하게 투자하고 활동을 장려하고 열심히 일하게 하기 위해서 법인세, 취득세 및 기타 기업들이 싫어할 만한 규제들을 풀어주는 것으로 대표된다. 신자유주의의 논리는 이러한 감세정책으로 기업은 일할 맛이 나고 더 투자를 더욱 하게 되어 경제발전에 도움을 준다는 것이다. 그러나 경기가 어려울 때 기업의 전체 재정의 얼마 되지 않는 법인세정도를 낮춘다고 해서 투자가 일어나지는 않는다. 자본은 경기의 흐름에 매우 민감하기 때문에 그 정도의 유인책으로는 움직이지 않는다. 때가 되고 자본이 집적될 수 있는 시기와 기회가 되면 장려하지 않아도 자본은 활발하게 움직이는 법이다. 현대에 순식간에 벌어지는 자본의 이동과 집적을 위한 접합과 분기, 절단기계로서의 양상은 신자유주의적 자본의 흐름과 밀접한 관련을 맺고 있다.

신자유주의는 시장의 회복과 작고 효율적인 정부를 통해 국가 경쟁력을 높인다는 명목으로 사회적 약자를 위한 수정 자본주의적 정책들을 하나씩 폐기한다는 비판이 존재한다. 신자유주의는 분배와 관련해서도 시장을 통한 분배를 인정할 뿐, 다른 정의의 원칙에 따른 분배나 이를 위한 국가의 개입에 대해서는 반대한다. 즉, 시장을 통한 소득 분배 이외에 어떠한 인위적인 소득 재분배에 대해서도 반대한다. 평등주의적 자유주의, 수정 자유주의로 불리는 이러한 움직임은 바람직한 사회, 정의로운 사회를 이룩하기 위해 국가가 적극적으로 소득 재분배에 개입할 것을 주장하는 입장으로 신자유주의와 대립적인 입장이다. 현 도시의 특성은 다음의 다섯 가지로 볼수 있다.

흔히 우리는 도시를 유기체와 비유하곤 한다. 그만큼 20세기 이후의 신자유주의 질서하의 도시는 이전보다 더욱 빠른 속도로 생성하고 변화(발생, 성장, 쇠퇴 그리고 소멸)하는 특성을 보인다. 도시의 성장과 쇠퇴의 매커니즘과 관련하여 현재 도시분야에서 연구하고 있는 도시의 양상은 크게 5가지로 구분된다고 할 수 있다. 그것은 신흥도시, 확산의 영토, 후기산업지역, 모빌리티와 네트워크, 그리고 문화적 지형이다.[63]

63) 델프트공대의 EMU(European Graduate of Urbanism)의 도시론 주제분류 참조

1) 신흥도시Emerging Cities

신흥도시란 주로 도시와 영토에 있어서 빠른 변화(생성)와 관련되어 있다. 글로벌화에 따른 압박과 로컬의 저항과 정체성이 중요한 문제가 될 것이다.

2) 확산되는 영토Territories of Dispersion

영토의 확장적 사용에 대한 문제를 다루고 있다. 이것은 또한 업무와 주거의 새로운 방식을 포함하기도 한다. 새로운 타입의 주거와 이 영역들은 인프라스트럭쳐의 타입과 기술을 다시 생각하게 만들고 있다.

3) 후기 산업지역Post-Industrial Sites

도시 분야에서 이러한 부분은 도시적 재구축에 대한 새로운 가능성을 제공할 수 있는 쇠퇴하거나 주변화 된 도시 지역에 대해서 탐구하는 부분이다. 영토적 스케일 '수축하는 도시'에 대한 개념은 개발의 개념을 재고하게 만든다.

4) 모빌리티와 네트워크 도시(Mobility and Network Cities)

이 개념은 도시에 대한 재개념화를 만들어 낼 수 있는 기술과 인프라스트럭쳐 시스템에 있어서의 혁신과 발전방향에 대해서 주목한다. 이것은 도시의 다핵화, 도시 응집, 새로운 중심성, 도시 클러스터, 에어포트 시티, 등을 다루게 된다.

5) 문화 랜드스케이프(Cultural Landscapes)

문화 랜드스케이프는 다양한 이슈들을 다루고 있다. 이러한 문제들은 문화유적 자원과 글로벌화와의 관계에 있어서 정체성을 다시 가치를 매기는 것에 있어서 변형을 통한 보존을 포함하고 있다.

이중에서 신흥도시와 같이 새로 생겨나는 도시의 경우에는 자본의 집적과 진화 및 새로운 신흥도시와 확산되는 영토는 전형적으로 새로운 배치에 따른 새로운 추상기계로 변화하는 과정이라고 할 것이다. 예를 들어 저가항공사의 발전은 많은 변화를 만들어내고 있다. 또한 고속철에 의한 변화 역시 많은 도시를 생성시키고 있다. 기본적으로 모빌리티가 진화되면서 각 교통수단에 의한 경쟁이 가속화되며 신자유주의에 발맞춘 도시구조가 생성되고 있다.

이처럼 생성의 철학과 후기구조주의의 철학사유는 구조와 이면의 주변화된 것들의 역학관계 속에서 유기체처럼 생성과 발전, 쇠퇴를 거듭하며 변화하고 있기 때문에 네트워크도시의 매커니즘을 살펴보면 거시적인 시점에서 도시가 매끄러운 것과 홈 패인 것이 상호 네트워크되고 한정화되면서 유기적 시너지 효과를 확인할 수 있게 된다. 한편, 건축레벨로 내려가면 구조주의적 매트빌딩의 구축방법론과 같이 기본이 되는 몇 가지 공통분모의 건축적 추출요소들이 조합되며 확장되는 가운데 이면에서 껴안지 못하고 주변화되었던 것들도 포함하여 질서와 안정화를 이룰 수 있는 방법론이 사용되고 있다. 다음으로 살펴볼 건축부문의 후기구조주의적 영향을 받은 경향은 이면의 욕망을 자연스럽게 발현시키고 프랙탈의 기본요소가 창발되듯이 다양한 벡터로 연결되어 있지만 하나의 거시적 시점으로 통합되고 안정화되면서 다시 펼쳐지는 흐름의 양상들에 대해 확인할 수 있을 것이다.

후기구조주의 사유와 관련된 건축가와 작품경향

앞서 7권에서 언급한 바와 같이 들뢰즈가 자신의 사유방식으로 직접 공간을 다룬 부분은 저서『천개의 고원』의 '홈 패인 것'과 '매끄러운 것'의 챕터이다. 그것은 홈 패인 공간과 매끄러운 공간의 상호 차이를 강조하는 것이 아니라 그것이 상호 이행되며 순환하는 것을 강조하고 있음을 거듭해서 언급한 바 있다. 서로는 서로를 기다리며 접속되는 '관계'를 중시하며 새로운 것을 생성시키고 끊임없이 변화시킨다. 이를 통해 사건이 촉발되는 것에 그 특징과 중요성이 있다고 할 수 있다. 그러나 생성의 과정을 통해 하나의 구조로 안정화되는 것은 그것의 기본 요소들이 '자체의 질서'를 만드는 공식과 다양한 벡터로의 우연적인 급변의 조합을 통해 더 큰 질서를 만들어내는 것으로 생각할 수 있고 그것은 오늘날 후기구조주의 사유의 중요한 주제가 되고 있다.
카오스인 욕망의 바다위에 떠있는 구조와 그것을 끊임없이 넘보며 파괴시키고 변형시키고자 하는 욕망이 넘실거리는 이미지와 같은 장면은 건축적 형태 및 구조와 이미지에 많은 영감을 주었다. 현재 다원성을 바탕으로 논의되는 포스트모던의 카오스 개념에 대응하여 디자인을 진행하는 대표적인 건축가들은 다음과 같다.
소우 후지모토의 작업은 프리고진의 사유로부터 영감을 받아 프랙탈적인 특성의 조형과 공간을 화두로 계속해서 참신한 디자인을 선보이고 있다. 카즈요 세지마의 작업은 한정된 구조 속에서 매트빌딩의 구조와 같은 다양한 요소들간의 관계와 질서를 탐구한다. MVRDV의 건축방법론은 다양한 데이터를 기반으로 하여 그 속에서의 질서를 찾아내고 그것이 그대로 공간 및 형태로 굳어지게 하는 방법론을 사용한다. 한편, BIG의 건축방법론은 카오스적인 형태를 그대로 사용하기도 하고 카오스속에 새로운 질서를 만들어내는 방법을 사용하기도 하는데 이것은 모두가 상향식의 방법과 순환, 그리고 욕망을 효과적으로 발현시키고 만족시켜 하향식과 상향식의 조화를 이루어 나갈 수 있는 방법론을 계속적으로 실험하고 있다고 볼 수 있다. 먼저 구조가 생기고 하향식으로 기능을 만족시키는 방법론에서 수없이 많은 요소들이 각자의 니즈에 의해 서로 결합되면서 무언가 군집의 형태와 기능이 자연스럽게 드러나며 사건과 이벤트가 창발될 수 있는 상향식의 형태와 공간구조를 사유하고 있다는 점이 이들 건축가들의 작품에서 나타나는 공통점이다.

8018 소우 후지모토의 건축방법론

초년시절 일리야 프리고진의 이론에 감명을 받은 후지모토는 자신의 건축경향을 좌표계 이면에 깔려있는 기하학 즉, 장field 자체로 볼 수 있는 것을 변형시키는 것이라고 언급하고 있다. Part1에서 언급했던 프랙탈 기하학과 복잡계 과학은 기존의 과학으로는 설명하기 힘들었던 복잡하고 무질서한 듯 보이는 현상들을 설명할 수 있다는 점과 자연의 모호성을 설명할 수 있다는 점에서 중요한데 후지모토의 작업은 이면의 질서를 만들어간다는 점에서 이 이론들과 연계된다.

데카르트적 좌표계와 논리가 추상적이고 단순화된 모델이라고 한다면, 프랙탈과 복잡계 과학은 미시적 구조가 자기유사성의 반복을 통해 다양한 방향의 벡터로 증식되면서 안정화되는 비선형의 예측불가능한 구조이다. 이러한 형태생성이 거시적으로 보았을 때 같은 구조로 형성되면서 자기순환을 이루는 생성양상을 보인다. 이것은 결국 부분과 전체가 유사하며 부분들의 상향식 관계에 의해 전체가 결정되나 그것이 또한 부분과 연결된다는 미시적, 자기유사적 순환구조를 가지고 있음에 그는 주목하고 있다. 기존의 데카르트적 좌표계와 추상화의 공간이 하향식의 거시적, 전체적 관점

84. 소우 후지모토 초상

의 구조라고 한다면, 이러한 방식은 다른 가능성을 내포하고 있다. 기존의 차원론이 정수의 차원론을 다룬 반면, 프랙탈 기하학은 소수의 차원론을 다룬다. 그의 공간은 그에 따른 다른 차원의 '다공성porosity의 틈새'를 가지면서 다양한 공간적 가능성을 지니고 있다.

다시 말해, 그의 작업은 근대의 그리드 체계와 조닝에 의해 전체적인 질서를 만드는 하향식top-down의 방식과는 달리 부분들이 다양하게 창발하여 형태를 만들어 안정화되고 순환하는 구조를 만드는 상향식bottom-up의 건축구축적 방법론을 계속해서 실험하고 있다. 즉, 소우의 표현으로는 국지적인 관계성의 연쇄에 의한 작은 질서를 만드는 방법론들을 주요한 주제로 삼고 있다. 따라서 건축적으로 보았을 때 그는 커다란 판재로 건축을 하는 대신, 잘게 자른 판재를 재조립해 국지적인 관계성을 주는 방식을 선택했다. 이러한 사고체계를 보면 '부분으로부터의 질서'를 추구하는 건축가의 철학을 엿볼 수 있다. 그의 건축에는 질서와 의외성, 불확정성이 공존하고 있는 것이다. 부분에서 질서를 잡아가는 새로운 건축에 켄고 쿠마는 '약한 건축'이라는 명칭을 주고 있다.[64] 그는 느슨한 질서가 모호함의 질서라는 것과 관계를 언급한다. 근대건축의 격자체계로부터의 건축이 아니라 혼돈속에서 자연의 내부에 존재하는 질서가 자연스럽게 균형을 이루면서 드러나게 되는 방식을 택하고 있다.

그에 따르면 자연현상은 유클리드 기하학으로는 설명할 수도 표현할 수도 없다. 그 이유는 애매하고 모호한 경계의 영역을 가지기 때문이다. 숲의 경

85-86. 구름을 은유하는 프랙탈 구조

64) 겐코 쿠마는 건축은 크고, 낭비적이며, 확고 불변한 건축이 아니라 사라질 수 있는 가볍고, 작고, 약한 건축을 추구한다. 그는 개인들이 쉽게 다가설 수 있는 작고 민주적인 건축, 흙벽돌과 같이 자연상태로 다시 돌아갈 수 있는 물질의 활용, 목조와 같이 시간이 흐름에 따라 변용가능하고 수선 가능한 건축을 지향한다.

87

계는 모호하다. 나뭇잎의 경계 역시 마찬가지이다. 후지모토는 숲, 산, 동굴, 구름 등의 은유를 사용하여 이러한 프랙탈적 현상과 개념을 구체화하고 있다. 그의 건축은 투명과 불투명의 영역이 모호하고 부분과 확장되는 요소들과 전체와의 관계가 서로 유기적인 관계를 맺고 있다.

후지모토는 그의 건축을 구성함에 있어서 애매하고 모호하고 연속적이고 부드러우면서 불완전한 자연현상의 특성을 건축에 반영하고자 해왔다. 이를 효과적으로 실현하기 위해 그는 프랙탈의 원리인 부분과 전체의 자기유사성을 도입해서 내, 외부가 모호한 공간, 투명과 불투명이 모호하게 존재하는 공간, 층의 명확한 구분이 없는 공간, 다공적인 공간, 규칙이 없는 공간을 지향하며 실험을 계속했다. 그것은 마치 흑색에서 흰색으로 그라데이션 효과를 주었을 때 나타나는 모호한 경계의 영역을 추구하는 것이다. 이러한 특성을 살펴보면, 그의 건축 역시 자연현상의 한 부분으로 자연에 녹아들어갈 수 있는 건축을 추구하는 것으로 그의 철학적 자세를 정의할 수 있다.

그는 다섯 가지의 사유를 바탕으로 자신의 건축을 구축하는 방법론을 다음과 같이 정의하고 있다.[65]

첫째, 장소로서의 건축

첫 번째로 그는 장소로서의 건축을 언급하며 밀도가 다양한 가운데 머무르기 위한 장소가 건축이라고 주장한다. 그곳은 무언가의 에너지가 충만한 요소들로 가득차 있어서 사건과 이벤트가 만들어 질 수 있는 계기나 실마리가 창발될 수 있는 곳이다.

둘째, 부자유함의 건축

소우는 이 개념을 '행동을 유발하는 기분 좋은 이물감이 주는 부자유'로 정

87. 다공적 공간, 집합

65) 후지모토 소우, 건축이 태어나는 순간, 정영희 역, design house, 2012, p12-13내용 요약 및 정리

의하고 있다. 이 개념을 살펴보면 그가 에너지가 충만한 가운데 무언가의 행동과 관계형성을 촉발시키는 공간을 상상하고 유도하고 있음을 확인할 수 있다.

셋째, 형태가 없는 건축

이 개념은 '완결된 상태가 아니라는 것, 불완전성이 지닌 가능성, 불완전한 것을 받아들이는 힘'을 강조하고 있다. 들뢰즈 식으로 이야기하자면 '기관 없는 신체'의 상태라고 할 수 있다. 다만 소우의 경우에는 욕망과 욕동보다는 자연 자체의 질서가 드러나기 전의 상태를 의미한다.

넷째, 부분의 건축

이 개념은 '하향식의 전체주의적인 방식'이 아니라 '부분을 통해 전체에 이르게 되는 상향식의 방식'이다. 이것은 프랙탈 이론의 방법론과 직접적으로 연결된다. 즉, 건축 전체에 모호함과 불완전성이 함께 존재하도록 한다고 언급하고 있다. 아오모리 현립 미술관 프로젝트의 경우, 지형이나 주위와의 관계에 의해 구부러지게 계획했다. 부분이 전개되어 가면서 발생적인 복잡성이 숲에 용해되어가는 건축을 추구한다.

다섯째, 사이의 건축

부분을 중요시 하는 건축가의 의도와 같이 각 부분들(요소들)이 있고 그것을 어떠한 관계로 배치하고 나열하는가의 사이가 중요하게 남게 된다. 소우는 관계성의 건축에는 예상치 못한 타자를 받아들이는 힘이 있다고 언급하고 있다. 이를 통해 그는 '숲'이라는 은유를 도입한다. 그는 이를 생태계 같은 성장 과정으로 생각하고 있는데 이것은 도시적인 시점에 의한 계획에서부터 세부 디테일에 이르기까지 평온하면서도 서로 긴밀한 관계를 맺는 건축이다. 숲은 평온해 보이지만 구성하는 모든 요소들이 유기적으로 관계를 맺고 있다.

한편, 원초적인 공간의 모습은 군중을 위한 장소인 동시에 개인에게도 훌륭한 건축이다. '둘은 무엇일까? 이는 '관계성'과 연결되어 있다. 두 사람이 있을 때 거리감이 생겨난다. '거리감이란 공간화된 관계성이다.'[66] 라고 후지모토는 언급한다. 또한 보이지 않지만 실재하는 관계의 개념을 들어 '기척의 건축'을 추구함을 밝히고 있다. 그는 떨어져 있으면서도 연결되어 있는 것이 기척이다. 직접적으로 살을 맞대고 있지 않지만 서로가 공간을 공유하면서 서로의 존재를 느끼는 기척을 상상하며 공간을 구축한다고 밝히고 있다. 또한 그는 관계없는 것들이 동거하며 모호한 질서를 만들어내는 것에 대해서 사유하고 실행에 옮기고 있다. 루이스 칸이 방을 중요시하고 방의 군집을 통해 복합체가 되는 방식에 집중한 것처럼, 소우 역시 모든 건축은 집이라는 사고를 가지고 있으며 '나는 집을 설계할 때 그것은 집이 아니다'라고 생각한다.[66-2] 반대로 집 이외의 것을 설계할 때는 '그것은 집이다'라고 생각한다고 언급하고 있다. 집을 설계할 때에는 관습적인 집의 유형에서 벗어나기 위한 노력을 한다는 의미이고, 집 이외의 것은 방의 집합을 통해 인간적인 복합체로서의 질서를 만들겠다는 의미로 받아들여야 할 것이다.

그는 우연을 만들어내기 위한 정밀한 방법에 관한 사유를 하고 있다. 가장 정밀한 것이 사실 가장 모호하다는 사실, 가장 질서 정연한 것이 가장 난해하다는 사실에서 출발하여 모호하고 무질서한 듯한 것에서 안정화된 질서를 만들어가는 것에 관심을 집중하고 있다.

88. 층 구분이 모호한 단면모델

66) 후지모토 소우, 건축이 태어나는 순간, 정영희 역, design house, 2012, p12-13 내용 요약 및 정리

66-2) 칸은 개인을 인정(방)하면서 그것의 집합이 만들어나가는 공동체주의를 중시한 반면, 소우는 개인과 개인이 서로를 인지하고 같은 공간속에서 서로의 영향을 주고 받는 관계를 지향하는 차이가 존재한다.

'관계없음의 관계성'을 적용함에 있어서 그는 외관이 없는 외관의 디자인을 적용하는 방법론과 '주먹밥의 외관은 그냥 주먹밥이다'라는 생각을 바탕으로 요소들의 관계가 그대로 드러나는 방법론이나 프랙탈적인 흐름이 그대로 드러나는 건축을 추구한다. 즉, 그는 내용과 공간이 그대로 외부와의 관계성인 외관을 추구하는 것이다. 다시 말해, 그는 내용물에 관계없이 그 자체가 외관(=다른 세계와의 관계)인 것을 실험하는 것이며 그 자체가 사물의 성장과정이며 인간과 관계 맺는 장소이기도 하고 구조이기도 한 건축이 매력적이라고 생각한다. 프랙탈적요소가 자기유사성을 가지면서 증식되면 그 자체가 하나의 형태와 외관을 가지게 되는 것을 자신의 건축에도 자연스럽게 적용하여 아이덴티티를 확보하고 있는 것이다.

89. 층 구분이 모호한 단면모델

소우는 '질서'와 '모호함'이라는 단어의 연결에 흥미를 두고 있다. 두 단어는 상반적인 의미를 지니지만 동시에 연결시킴으로써 양쪽 모두가 의미가 바뀌게 되는 영역에 주목하고 있다. 그 의미를 뒤바꾸게 되면 중간의 수수께끼의 뻥 뚫리는 구멍같은 영역이 발생한다. 이처럼 그는 결론이 나지 않는 영역에 대해서 사유하고 구축하는 방식을 계속 실험하고 있다.

소우 후지모토는 프랙탈의 개념을 거의 직접적으로 적용하여 형태 공간화를 시킴으로써 자신의 아이덴티티를 확보하는데, 그의 건축개념은 기존의 관습적인 건축적 개념에서 좀 더 자연 자체의 양상에 집중하여 표현함으로써 자연현상과 동물의 생태에 좀 더 근접한 거주개념을 낯설고 새롭게 보이게 하는 매력을 지니고 있다.

8019 세지마Kazuyo Sejima의 건축방법론

세지마 카즈요와 니시자와 류에는 SANNA라는 공동작업 스튜디오를 설립하고 1995년부터 함께 작업을 해오고 있다. SANNA는 역사적 연속성과 발전에 대한 감각을 배제한 상태에서 순수하고 단순한 기하학적인 본질을 통해 사회를 그리고자 했고 관습적 위계를 해체하고 가변적 공간을 통해 기존 공간에 대한 새로운 관계 및 해석을 가능하게 하는 것을 사유하며 건축작업을 수행해 왔다. 그들은 단순한 형태들이 모여 복잡한 장을 형성하는 건축을 추구하고 있다. 또한 건축을 인간을 위한 도구로 생각하는 휴머니즘에 입각해 관습을 탈피하면서 시대성과 사회성을 반영하는 그릇을 만들고자 한다. 그들은 내외부의 경계의 모호함을 야기시켜 주변 환경과의 관계를 끊임없이 재정립하면서 안정화되고 균형을 만들어가는 '장field'을 형성하도록 유도한다. 세지마는 이러한 방법론을 실행함에 있어서 '장field이론'에 근거하여 연속적이고 반복적으로 펼쳐지는 장소의 최적화된 재구성을 선보이고 있다.

SANNA 건축어휘의 특성으로는 자유로운 동선과 불규칙한 실(방)의 배치, 영역이 상호 교차하는 배치와 피막의 형성, 미로적 특성, 투명성, 위계의 의도적 해체, 균질한 공간의 배치, 내외부 경계의 모호성을 들 수 있다. 거기에는 프로그램의 건축, 표피의 가벼움, 투명성이 주요한 키워드로 작용한다.

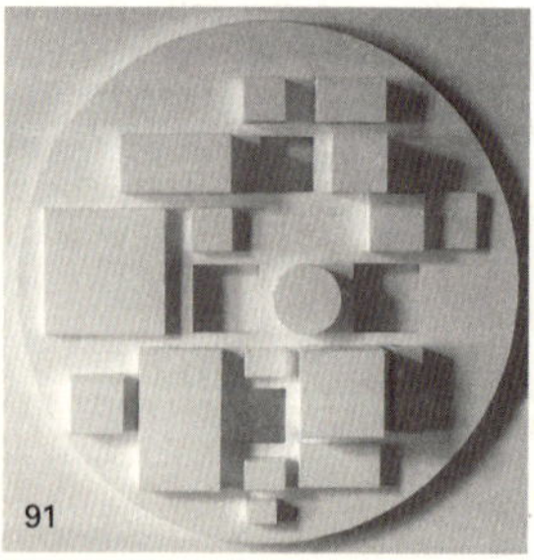

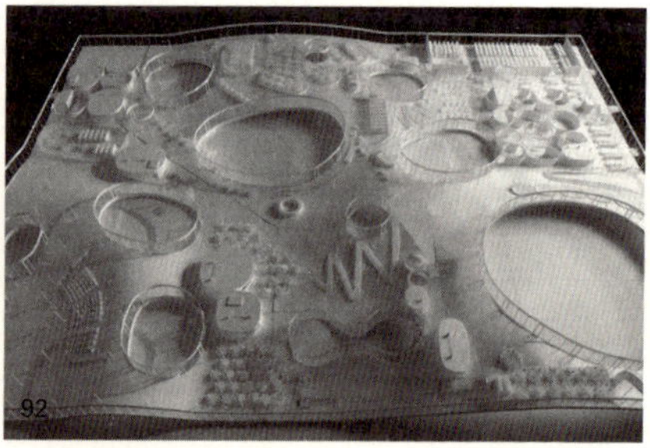

90. 세지마와 니시자와 초상
91. 카나자와 미술관의 공간구조
92. Rolex Learning Centre, EPFL Lausanne, 2010

그들의 건축공간은 근대적 미로와 같은 평면의 특성, 매트빌딩과 유사한 프로그램적, 평면적 특성을 보이고 있다. 그들은 선택이 여러가지로 나타날 수 있는 탈중심, 다중심, 탈위계의 평면을 제시한다. 사용자들은 자신의 의도대로 프로그램을 선택하면서 동선을 취사선택할 수 있다.

그들의 위계없는 공간과 타인과 공유되는 거실living space 등의 관습을 파괴하는 평면을 선보이고 있는데 그들의 평면은 행위의 분포가 의도적으로 기존의 관습적 평면이나 프로그램에서 벗어나 다양하게 창발할 수 있도록 의도되어 있다.

Stadstheater는 균질한 그리드로 작은 실로부터 커다란 실인 극장에 이르기까지 동일한 방의 느낌으로 배치되어 있다. 그 공간은 복도가 없이 방으로

93. Nishinoyama House
94. Moriyama House, 2005
95. Stadstheater, Almere 평면
96. Stadstheater, Almere 입면

연결되며 하나의 복합체를 이루고 있는 형태이다. 조그마한 실과 대규모 실이 실제로 같은 방으로 인식되며 부분이 모여 전체가 되고 그 전체는 또한 부분으로 연결되는 모양새이다.

97

카나자와 21세기 현대미술관

98

99

세계적으로 주목받고 SANNA의 대표적 작품으로 자리매김하고 있는 이 건축물의 공간구성은 건물과 건물사이를 걷는 듯한 느낌을 받을 수 있으며 그들은 도시에서의 연속적인 흐름을 내부 공간에서 구현했다. 카나자와 현대

97. Stadstheater, Almere 전경
98. 카나자와 21세기 미술관 전경
99. 카나자와 미술관의 공간구조 실험

미술관의 경우, 세지마는 '숲'의 개념을 도입한다. 그들은 프로그램과 다이어그램의 상호교환을 통해 건축적으로 현실화시키는 방법론을 사용하고 있다. 다양성의 개념속에 각 프로그램은 개별적 공간들의 분산과 장의 형성, 그리고 각각의 프로그램과 인식을 통해 자기의 자리를 잡아가면서 안정화되고 균형을 이루게 됨을 확인할 수 있다. 다양성의 개념과 통섭을 통해 수없이 많은 그룹핑 대안들을 만들면서 건축가가 의도하는 바가 무엇인지를 명확하게 인식할 수 있다. 내부와 외부는 경계가 모호한 얇은 유리막 뿐이다. 세계를 상징하는 듯한 전체적인 형태를 잡아주는 원의 경계는 이처럼 얇은 유리막으로 되어 있어 그 자체도 외부와 소통되는 느낌이다. 내부의 공간이 마치 외부로 반사되거나 팽창되는 듯한 느낌을 보이기에 충분하다. 여기에서 투명성은 '다양성'과 '유연성'을 의미한다. 때로 그것은 개방성으로 이어지기도 한다. 그것이 유연한 경계를 만들어낸다. 그들은 사적인 공간과 공적인 공간의 관습적 의미를 해체하여 재정립하는 충격요법을 통해 새로운 관계의 장field을 형성시키려는 것이다. 그것은 위계질서를 단순히 파괴하고자 하는 것이 아니라 관습적인 위계의 관계를 파괴하고 새로 정립하는 것에 관심의 초점을 맞추고 있는 것이다.

롤렉스 학습센터(2010)는 세지마가 중시하는 숲의 개념을 적용함에 있어서 카나자와21세기 미술관의 개념에서 더 진화된 모습을 보여준다. 카나자와 미술관이 평면적 상태에서 원이라는 거시적 형태를 염두에 두고 구축한 이후 내부의 카오스적인 요소들간 장field의 균형을 이루는 디자인을 2차원적으로 실험했다면 롤렉스 학습센터에서는 직사각형의

100-101. Rolex Learning Centre, EPFL Lausanne, 2010

거시적 형태내에 원이 암각으로 삭제되며 장의 균형을 이루는데 주목할 점은 단면적으로도 장의 변주를 줌으로써 3차원적인 균형을 추구하고 있다는 점에서 한 단계 더 진보한 디자인을 선보이고 있다고 할 수 있다.

SANNA의 건축방법론은 '숲'의 개념과 인공적인 자연지형의 도입하면서 이질적인 요소들간의 균형을 이루며 관계속에서 새로운 분기의 관계를 지향한다. 그들의 작업은 요소들의 군집이 만들어가는 새로운 질서를 추구함으로써 기존의 하향식 관점의 건축적 방식으로는 해결할 수 없는 많은 것들을 성취함으로써 후기구조주의의 사유를 물리적, 공간적으로 구현하고 있다.

8020 MVRDV의 건축방법론

MVRDV를 이끌어가고 있는 위니 마스Winy Mass는 델프트공대에서 건축과 도시계획을 공부하고 1984년 졸업한 이후 건축가 그룹을 설립했다. MVRDV는 이슈가 될 수 있는 건축활동을 지향하고 있으며 항상 극한의 사고를 추구한다. 그들은 해당건축을 의뢰받으면 건축적으로 영향을 끼칠 수 있는 외적 변수에 대해서 방대한 리서치를 수행하고 리서치 결과를 바탕으로 외적 변수를 이용하여 디자인 프로세스를 진행한다. 그들의 건축은 항상

102. Rolex Learning Centre, EPFL Lausanne, 2010

여론을 이끌어낼 수 있는 선도적인 이슈메이커로서의 역할을 충실히 수행해왔다. 그들의 건축은 일반적인 건축도면이라기 보다는 간략한 아이디어로 이루어진 다이어그램과 같이 보이는 것이 대부분이다. 실제로 그들의 건축행위는 아이디어이자 욕망과 잠재성이 현실화되면서 분기된 구축을 이루는 다이어그램이다. 심지어 MVRDV는 궁극적으로 도면이 필요없는 건축까지도 변화시킬 수 있는 방안에 대해서 고심했다. 이러한 면에서 그들의 건축은 민감한 정치적 이슈를 만들어내고 실제적인 외적변수를 최대한 수용하여 지역의 정치적 관심을 유도하는데 유용한 방법론을 사용하고 있다.

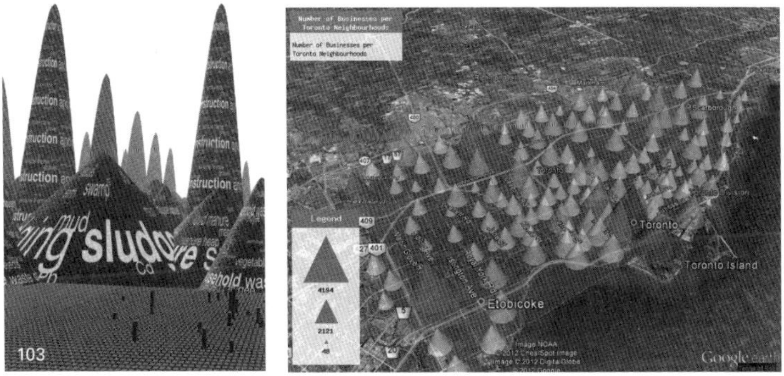

MVRDV는 작품 자체를 하나의 리서치 과정이 굳어진 것으로 생각한다. 그들은 프로젝트를 시작함에 있어서 항상 리서치를 실시한다. 그들에게 디자인은 다른 한마디로 표현하면 리서치과정이다. 분석은 해결과정을 발견하고 진행시켜 나가기 위한 도구가 된다. 리서치를 통해 극한까지 자료를 수집하고 정보를 분석하고 조합하며 한계를 극복할 수 있는 해결방법을 제시한다. 이 과정에서 논리적이고 이성적인 해결점을 찾을 수 있으며 일반인들에게 이해할 수 있는 객관적인 형태와 공간을 찾을 수 있게 한다. 그들의 디자인은 리서치 과정에서 형태와 공간은 부수적으로 따라오는 형국이다 MVRDV는 데이터스케이프 프로젝트에서 사람들의 통행량과 방향, 소음

103. 데이터 스케이프와 리서치

등의 비시각적 정보들을 시각화하여 도시의 조건들과 타협해 나가면서 어떻게 프로그램을 배치할지를 조사하여 그 데이터의 흐름과 방향성에 따라 그대로 매스와 외적 형태가 굳어지는 방식을 취하고 있다. MVRDV는 건축가 그룹 중에서도 오피니언 리더로서의 역할을 수행하고 있다. 실제로 지어지지는 않더라도 현대의 건축적 문제를 글로벌 관점과 글로컬의 관점에서 동시에 사유하여 전위로서의 역할을 꾸준히 수행해왔다. 비록 그의 작품들이 온전하게 모두 현실화되지는 않더라도 적어도 현대성과 지역성의 잠재력을 최대한 끌어낼 수 있도록 전위의 역할을 수행하면서 여론을 환기시키는 역할을 한다. 새로운 방향성으로 인식을 새롭게 하며 끌어내는 역할을 하여 결과적으로 다른 건축가가 계획하더라도 관습적인 계획으로 함몰되지 않고 좀 더 혁신적인 안을 도출해 낼 수 있도록 밑그림을 그리는 역할을 수행하고 있다.

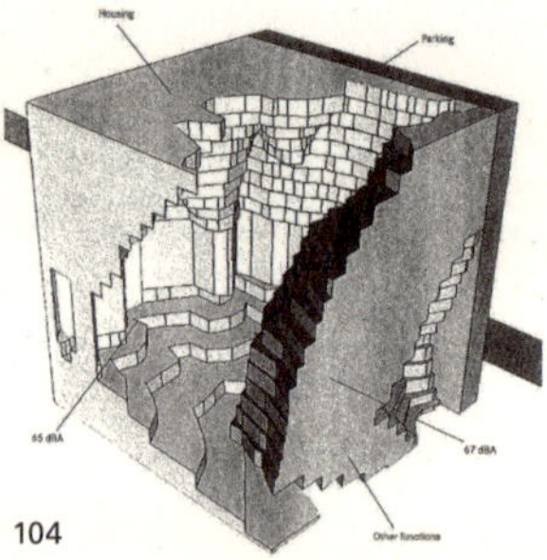

104

105

그들은 외적변수들 속에서 건축의 현대성의 측면에서 잠재력을 최대한 끌어낼 수 있는 아방가르드의 역할을 계속 수행하기 위해서 건축적 상황에 대해서 끊임없이 의문을 제기하고 새로운 방법론을 통해 극한까지 가능성을 끌고 확장시키는 자세를 견지하고 있다. 그들은 프로그램을 재해석하고 프로그램을 확정하여 영역을 설정하고 영역가운데 채움과 비움의 수법을 적

104. 리서치 데이터
105. MVRDV _ Xianyukou Hutong redevelopment _ Beijing (4)

절하게 배치하면서 내, 외부의 윤곽과 매스를 확정하여 영역을 설정한다. 이 과정에서 다이어그램을 이용하여 프로그램을 재해석하고 이것을 하나의 틀 안에 배치하면서 매스상으로 공간을 재배치하게 된다. 채움과 비움을 통해 한정된 영역안에서 새로운 공간적 가능성을 탐구하고 리서치의 결과를 적용시키는 과정이 그들의 건축을 매우 특징적으로 만드는 방법론이 되고 있다.

그들의 디자인은 리서치를 함에 있어서 자료수집한 것을 기본으로 하여 데이터스케이프Datascape를 통해서 프로젝트를 시작한다. MVRDV가 추구하는 데이터스케이프는 현실조건과 제약조건에 대한 자료들을 객관적이고 논리적으로 시각화시킨다. 그들에게 데이터스케이프는 한계의 표현이 아니라 한계를 밀어내는(초월하는) 작업을 의미한다. 데이터스케이프의 필수적인 요소는 시각화된 다이어그램을 이용하는 것이다. 데이터스케이프의 목적은 건축의 개념을 건축과 밀접한 주변의 변수들과 법칙에서 찾아내어 객관성을 획득하는 것에 있다. 데이터스케이프는 관습적인 분석, 양적인 지도map와 차트chart를 분석하여 이미지로 종합한 것이다. 이러한 이미지화imaging는 생성적인 도구적 방법으로 데이터를 이미지화 한다. 데이터스케이프는

106. Brabant Library 계획안
107. Waterwijk Ypenburg

건축가의 작업에 영향을 미치거나, 조정하거나, 규제하는 모든 측정 가능한 힘의 시각적 표현이다. 그것은 창조적인 다이어그램의 다른 표현방식이라고 할 수 있다. 들뢰즈식으로 이야기하면 데이터의 요약 및 압축과 함께 추상기계로서의 역할을 충실히 수행하여 잠재성을 충분이 끌어와 현실화시키는 방법론을 수행한다고 말할 수 있다.

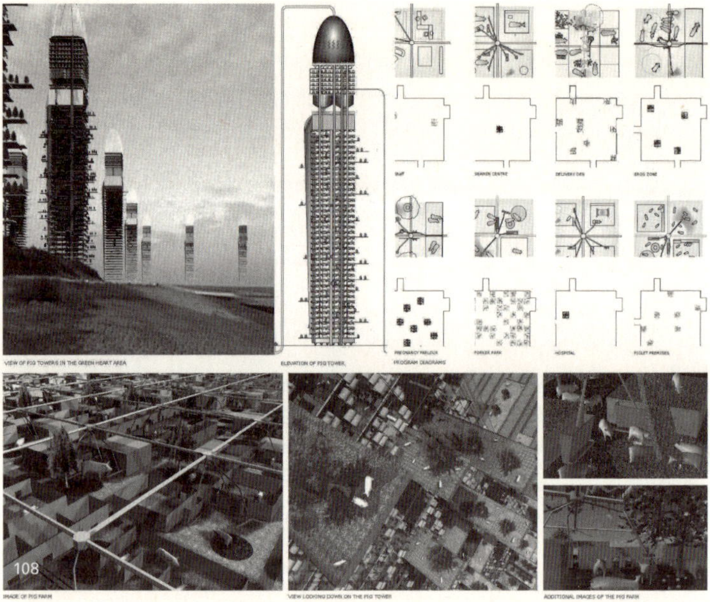

데이터스케이프는 건축의 전문성을 특성화하고 노동의 원칙적 형태를 부정하는 복합적이고 지배적인 일을 성취한다. 데이터스케이프는 건축 전반에 영향을 미치는 힘과 규제(자연환경, 법규, 경제성, 사회적 요구), 추상적, 전문적 체계를 건축으로 도출해내기 전 과정에 나타나는 시각화를 만들어내는 일종의 다이어그램이다. MVRDV의 데이터스케이프를 통해 다이어그

108. Pig City의 개념도와 확장

램을 생성시키는 것은 상상을 구체화하기 위한 도구이기도 하고 문제해결의 실마리가 되기도 한다. 또한 디자인을 하는 설득력 있는 논리와 기술이 된다.

109

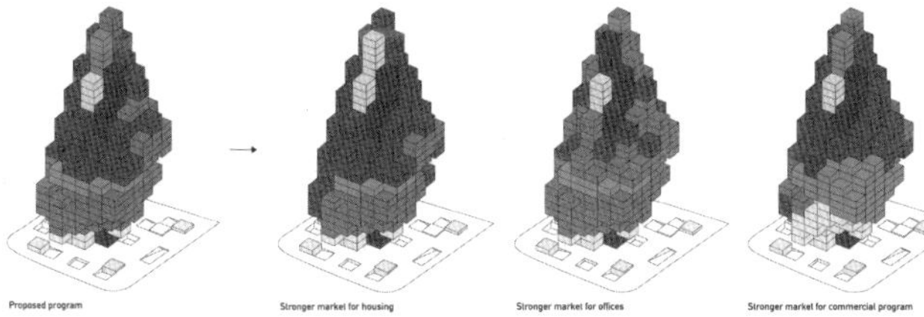

데이터스케이프는 모든 조건을 반영하고 있는 데이터 중에 한, 두 가지를 극대화하여 해결의 실마리를 찾는 과정을 보여주고 있다. 물론, 이것은 객관적 데이터를 기반으로 하고 있다. 그러나 그것은 한편으로 객관적인 데이터와 리서치를 기반으로 하여 자신의 주장을 관철하기 위한 매우 주관적이고 직관적인 방식이기도 하다. 데이터스케이프를 통해 필요한 프로그램과 면적 등을 확정하고 확정된 프로그램으로 틀을 설정하고 무형의 틀/면들이 적층되도록 배치한다. 이러한 과정이 그대로 굳어져서 공간과 외피를 규정하기도 한다. 투명한 외피와 함께 외부와 내부의 모호한 관계를 보이도록 계획한다. 단면을 보는 듯한 입면 등이 그대로 드러나게 디자인 한다.

110

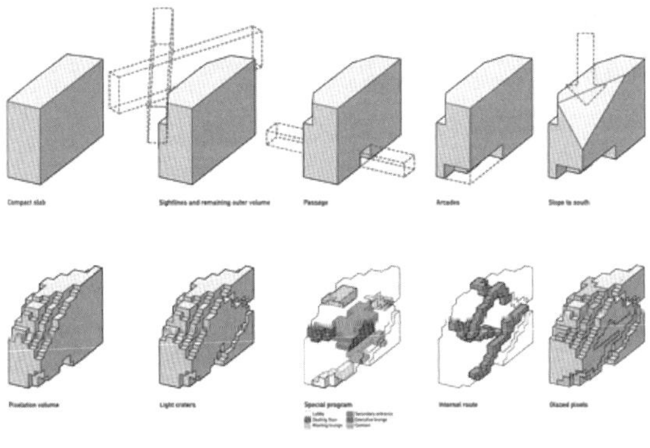

109. 109.Rødovre Skyscraper, 코펜하겐, 텍토닉 다이어그램
110. DnB NOR Headquarters, 2012, 형태생성 다이어그램

7권에서 살펴보았던 UN-Studio는 개별적 건축물로서 아이덴티티를 확보하면서 매니멀과 같이 다양체가 되고 순환될 수 있는 복합체이면서 내적 순환성과 자기 완결성을 지닌 들뢰즈 담론의 시각으로 분석가능한 건축물을 선보였다고 볼 수 있다. 최근에 사무소가 대규모화되면서 작품의 규모도 대형화, 복합화되며 신자유주의적 속성을 보이며 자본의 니즈에 맞추어 자신의 개념적 특성이 옅어지는 것은 유감이지만 이 그룹은 복합화되고 다양체로 되는 면에 있어서 MVRDV보다는 건축작품으로 보았을 때 자기완결성을 지닌 것으로 생각된다. 그러나 MVRDV의 경우, 극한까지 진행되는 리서치와 스스로 끊임없는 질문을 통해 건축이 추구할 수 있는 극한의 가능성을 탐구하고 그것이 일반사람들조차 이해가 가능할 정도의 객관성을 담보하는 건축적 아이디어로서 다이어그램화되는 과정과 틈안의 영역배치를 통해 디자인을 수행한다. 그들의 작품경향은 극한을 추구하면서 보편성을 만족시킬 수 있는 방식을 추구한다.

111

이들은 건축가가 어떤 역할을 수행하여야 하는가에 따른 질문을 끊임없이 수행하면서 건축과 도시의 경계를 넘나들고 있다. 그들은 전통적인 도제방식의 건축그룹이 아니라 다양한 종류의 관심사를 지닌 사람들이 협조하는 가운데 외적 변수들을 극한까지 사유하고 이슈가 될 수 있는 계획안을 제시한다. 그들은 건축가의 역할에 있어서도 도시계획가, 시행자, 이슈메이커의 경계를 넘나드는 과정을 통해 새로운 건축가상을 제시하고 있는 것이다.

MVRDV의 작업은 리서치를 통해 혼돈의 이면 속에 존재하는 질서와 외적 변수의 조건들을 파악하고 내부의 질서를 최대한 수용하며 그것이 효율적으로 수행될 수 있는 구조를 자연스럽게 형성시켜주는 역할을 수행함으로써 외적구조와 이면의 욕망과 무시되었던 요소들이 자연스럽게 기존구조에

111. Pig City의 공간 개념도

편입되어 실현될 수 있도록 계획과정을 집중한다는 점에서 후기구조주의적 관점에서 사유하고 있음을 확인할 수 있다.

8021 BIG의 도시론 및 건축방법론
– BIG의 건축론과 도시론의 특성

1973년생의 젊은 건축가 비야케 잉겔스Bjarke Ingels는 렘 콜하스의 OMA에서 실무를 경험했으며 2001년 피엘오티PLOT 건축사무소를 공동설립하여 활동하다가 2005년 비야케 잉겔스 그룹 BIG을 설립했다. BIG은 코펜하겐에 위치하며 다양한 분야의 전문가들이 모여 창의적으로 작업을 수행해왔다. 그들은 혁신적인 디자인과 건축물로 선풍적인 인기를 끌었으며 예리한 분석과 재치있는 실험정신, 유머감각을 갖춘 차세대 건축가로 널리 인정받고 있다. 그는 유머러스한 실험정신과 사회적 책임의식을 통해 정치적 이슈를 촉발시키는 작업으로 전세계적으로 주목받는 건축그룹으로 자리매김했다. 또한 다양한 건축 및 도시관련 상을 받았다.

그는 '실용적 연금술'의 건축을 슬로건으로 표방하며 다양한 프로그램을 혼합하여 화학적으로 믹스하여 전혀 새로운 종으로 만드는 뛰어난 능력을 선보여왔다. 그는 현대도시가 글로벌한 환경속에서 끊임없이 변화하고 진화하는 가운데 새로운 도시적 접근방식이 필요함을 역설한다. 그는 실용주의에 빠진 지루한 건축과 이상주의(아방가르드적 방향성)에 빠진 건축 역시 거부하고 '실용적 이상주의'를 표방한다.

그의 건축은 구축에 있어서 매우 직관적인 방법론을 사용한다. 특히 그가 사용하는 방법은 플래쉬 애니메이션과 같이 만화적 감성으로 다이어그램을 사용하

112. 비야케 잉겔스의 초상
113. 저서 Yes is More

여 주위의 콘텍스트와 프로그램 및 사회적 제반 상황으로부터 발생하는 다양한 힘들의 관계를 수용하여 간단명료하게 표현한다. 그의 작업은 주변요소들의 힘을 반영하는 다이어그램을 이용하여 힘의 요소들을 받아들이는 과정에서 만들어지는 형태를 자연스럽게 받아들인다. 그러나 그의 작업은 앞서 살펴본 MVRDV의 리서치보다는 좀 더 가벼운 느낌의 플래시 애니메이션과 같은 기법으로 외적변수를 직관적이고 감각적으로 받아들이는 다이어그램의 변화과정을 선보인다.

또한 최대한의 사람들이 유입될 수 있도록 외적변수의 힘들을 매스에 적용하는 프로세스를 다이어그램을 통해 진행한다. 이와 같은 방법을 통해 그는 새로운 스타일의 공적공간과 주거건축이 공적영역으로 확대되는 방식을 선보여왔다. 그들은 단순히 건축주로부터 일을 받아 수동적으로 임무를 수행하는 것에서 더 나아가 외적 변수들을 스스로 조직하고 사건을 촉발하거나 정치적 이슈를 촉발시키는 능동적 방법을 자주 사용해왔다.

114

그가 현재까지 건축 및 도시에 대한 사유를 출판한 책은 『YES IS MORE』라는 건축진화에 관한 코믹북 스타일의 저서이다. 진화이론으로 볼 수 있는 그의 생각은 상충되는 요소들간의 타협을 통해 새로운 이종異種의 새로운 화합물이 탄생할 수 있음을 강조한다. 분명 그의 건축은 다원주의 시대에 다양한 힘의 관계를 파악하고 입장을 반영할 수 있는 도구로서 다이어그램을 주요한 생성의 요소로 사용하고 있다는 점에서 어떤 의미에서 들뢰즈적이라고 볼 수도 있다. 그러나 그의 건축은 실용적 이상주의를 추구하는 점에서 들뢰즈의 사유를 넘어서는 시대성을 반영하고 있다.

114. 코믹북 스타일 저서

BIG은 대중의 관심을 불러일으켜 논란의 대상이 되며 정치성을 띠는 프로젝트들을 스스로 기획하여 선보여왔다. 코펜하겐의 축구장을 둘러싼 3km 길이의 공공주택이나 덴마크와 독일을 잇는 대교를 따라 덴마크의 모든 항구를 통합시키는 수퍼 항구 프로젝트와 상하이 엑스포 덴마크관에 인어공주상을 가져다가 전시하는 안을 관철시키기도 했다.

근대적 인간의 시각은 독립적으로 사유하는 주체에 의해 객체와 세계만물이 실증적 관점에서 대상화되어 사유되는 것을 의미한다. 마찬가지로 국제주의 양식과 같이 근대적 관점의 도시적 접근방식은 '마스터플랜masterplan'으로 대표되는 신적인 입장에서의 건축적 해결방법이었다. 다소 오만한 엘리트적 입장에서 시민들에게 쾌적하고 새로운 기술력과 과학, 스피드 등의 모더니티 특성을 통해 일방적으로 제시되는 방식이었다. 그러나 BIG의 도시론은 마스터플랜의 문제점을 극복하고 새로운 방식으로 탑다운top-down과 보톰업bottom-up의 니즈needs를 만족시키는 작업을 제시하고 있다. 그들의 건축은 정치, 재정, 시민 등의 도시의 다양한 요소들의 니즈를 만족시키면서 대규모 스케일의 다양한 프로그램을 포함하여 화학반응을 시켜 새로운 이종異種을 만들어내는 실용주의적 유토피아를 추구한다. 결과적으로 도시개발 관점에서 바라보면서 거대한 스케일의 도시적 건축물이 생산되지만 실제로

115. The Clover Block Project
116. 다리의 하부구조 건물

주변의 다양한 니즈를 만족시키면서 건축물의 공간 자체의 세부적인 요소들까지 모든 것을 통제할 수 있는 것을 추구한다. 그들의 건축은 일방적인 전략적 지침으로서의 강제성을 띠는 마스터플랜과는 특성을 달리하여 다양한 니즈를 반영하고 의견을 수렴하는 과정을 거쳐 그것을 혁신적인 구조의 틀 속에서 새로운 이슈를 제기하고 새로운 질서를 만들어낸다. 특히, 정치적 이슈를 촉발시키는 대규모 구조의 건축물 자체가 더 큰 도시영역과 도시영역을 이어주면서 새롭게 기능하는 새로운 하부구조를 만들어내고 그것이 또 하나의 도시의 이미지를 결정하는 랜드마크적인 정체성을 확보하게 하는 작품의 일관적인 흐름을 선보여왔다. 그것을 잉겔스는 '마스터피스masterpiece'라는 개념을 사용하여 설명하고 있다

렘 콜하스의 건축적 자세는 사회적 메시지에는 관심이 없이, 선과 악이 공존하는 중립적인 입장에서 최대한의 잠재성을 이끌어 낼 수 있는 변화와 움직임, 생성에 관심이 있었다. 그는 신자유주의적 자본의 질서를 충분히 대변하며 거대화된 공간 가운데 자유로운 흐름을 촉발시키는 문제에 관심이 있었다. 반면, **BIG은 다수의 개입과 정치적 이슈를 촉발시켜 '충실성'을 이끌어내고자 하는 움직임이 있다는 점이 특징적이다. 특히 도시적 스케일의** 거대한 프로젝트의 경우에는 일반 시민의 삶과 실존과 관계된 정치적 이슈를 촉발시키는 계획을 지속적으로 선보여왔다. 도시적 규모에 있어서도 그들의 건축은 매우 거대한 건축을 추구하되 단순히 자본의 집적을 위한 다양체와 같은 측면만을 중시하여 포용시키는 것이 아니라 그 내부에 아방가르드적인 감성과 대중의 실제적 요구를 모두 실용적으로 수용하여 그것으로부터 발생하는(떠오르는) 정치적 이슈가 되고 하나의 건물이 되는 '사건'으

117. 화력발전소의 새로운 기능추가로 인한 관심촉발

로서의 또 다른 건축(하부구조)을 추구한다. 그렇게 되면 마스터플랜과 동시에 진행될 수 있는 거대성과 충실성을 담보할 수 있는 건축물이자 도시적 랜드스케이프로 거듭나는 것이 중요한 이슈로 남게 된다.

118

BIG은 **'실용주의적 유토피아'**라는 개념을 중시해서 거대한 아이디어를 생각해내고자 하는 모더니즘의 야심을 회복하고자 한다. 그는 건축에서 표현에 집중한다거나 시뮬라크르에 집중하고 다양체의 생성 및 구축에만 관심이 있었던 건축적 표현의 과잉적 경향에서 한 단계 더 나아간다. 그는 복합성을 수용하면서 하나의 정치적 사건이 될 수 있고 과정이 되고, 건축적 이벤트가 성취된 이후 계속적으로 영향력을 끼칠 수 있는 거대한 규모의 '충실성'이 되게 하기 위한 과정에 집중했다. 이 점이 바디우의 사유와 일치되는 부분이다. 이 점이 바로 존재 자체를 플라톤의 전복을 통해 시뮬라크르를 우위에 두었던 들뢰즈와는 달리 '진리'를 인정하면서 플라톤주의를 회복시키고 후기구조주의적 관점을 그대로 유지하면서 기존의 개념을 다시 정립해낸 바디우와 일맥상통한다. 모던시대에 선언적이고 과격한 엘리트적인 오만함으로 여겨졌던 것들이 다양성과 진리를 만들어내면서 충실성을 부여하는 것, 이것이 바디우적인 해결점이라고 본 것이다.

여기서 우리가 주목해야 하는 부분은 잉겔스의 정의이다. "건축분야는 극단적인 두 힘이 존재했다고 본다. 한 가지는 무모한 아이디어에 기반을 둔 아방가르드로 현실과 너무 동떨어져 때로는 기괴한 호기심으로 끝난다. 다른 하나는 높은 수준이지만 뻔하고 지루한 건물만 찍어내는 체계적인 기업 컨설턴트이다. 건축은 지나치게 이상주의적이거나 고루할 정도로 실용적인 하지만 보누 부력한 흐름 사이에서 정체된 듯 보인다. BIG은 두 상반된

118. 다리 밑 프로그램

건축 사이의 생산적인 중첩에서 작용한다. 사회, 경제, 환경적으로 완전한 공간창출을 실제 목표로 삼는 실용주의적 이상주의 건축이다."[67] 시대를 이끌었던 신자유주의적 질서의 시대는 세기말현상과 자본의 집적과 파괴적 속성이 극을 향해 달려가고 있는 시기였다.

잉겔스의 경우에는 실용주의적 이상주의를 표방하고 이상주의와 실용주의를 동시에 품으면서 좀 더 대중에게 다가가고 정치적 이슈를 생산하는 전략을 선택한다. 여기서 '이상'이라고 하는 것은 플라톤의 이데아idea와 같은 것을 추구했다는 것과 다름 아니다.

–새로운 시대의 사유의 필요성과 정치철학적 담론

철학계 뿐만 아니라 조형 및 건축계에서는 20세기 전후를 중심으로 하여 활발하게 들뢰즈의 담론들이 논의되었으며 변화와 운동을 사유하는 생기론적인 입장에서의 작업을 선보여왔던 유동적인 변화와 운동 및 탈주를 강조하는 '노매디즘'의 건축적 흐름이 우세했다.

잉겔스는 자신의 저서 『YES IS MORE』에서 다음과 같이 시대구분을 하면서 자신이 새로운 시대의 새로운 건축의 방향성을 다소 유쾌하게 제시하고 있다. 모던 시대 4대 거장이었던 미스의 'Less is More'를 기본적인 구호로 하여 그것을 변형시켜 벤츄리가 'Less is Bore'라는 구호로 대중적 다원화의 니즈에 발맞춘 아방가르드가 되었던 것, 그리고 후기자본주의 시대에 이르러 신자유주의적 가치를 선악의 편견없이 수행하여 최대한의 다원성을 품었던 렘 콜하스의 'More is More'에 이르기까지 그는 20세기 전후반의 건축적 상황을

67) 비야케 잉겔스 그룹, YES IS MORE, 아키라이프, 2009, p24

118. 렘 콜하스 저서 More is More

설명한다. 그러나 대규모로 자본이 집적하였다가 순식간에 거품을 일으키고 빠져나가게 될 때 발생하는 다양한 폐해들이 전세계적인 쇼크를 주었던 2009년의 서브프라임 모기지 사태이후, 세계는 새로운 질서와 새로운 관점의 사유가 필요함을 인식하게 되었다.

렘 콜하스의 건축은 'More is More'라는 구호처럼 마치 최대한의 프로그램과 구조가 될 수 있는 각각의 요소들을 뭉쳐놓고 외피를 감싸놓아 최대한의 잠재성을 내부에서 확산시켜 나갈 수 있는 형국의 건축을 추구해왔다. 그것이 다소 완전 화학반응이 일어나지 않은 결합방식이라고 한다면, BIG의 방법은 좀 더 화학적으로 융합되면서도 동시에 '실용주의적 이상주의'라는 건축적 '진리'를 추구하는 면을 볼 수 있다.

시대	대표인물	시대정신	의미
모던	미스	Less is More	-과도한 장식제거 -형식제거 -건축언어 형식차원해방 -익명의 도시양산
포스트모던	로버트 벤츄리	Less is Bore	-모던도시와 건축공격 -장식 리바이벌 -대중적 건축, 관심유도 -다원화의 니즈에 충실
포스트모던	필립 존슨	절충주의	-기회주의 -절충주의 -건축계의 대부역할
신자유주의 시대	렘 콜하스	More is More	-최대복합공간, -건축적 잠재성 극대화 -선악의 공존
서브프라임 사태	버락 오바마	통합과 낙관주의	-신자유주의적 가치 -재고의 계기
21세기	BIG	Yes is More	-실용주의적 이상주의 -건축적 사건과 정치화 -충실성의 구현

표. 시대정신과 구호 및 의미

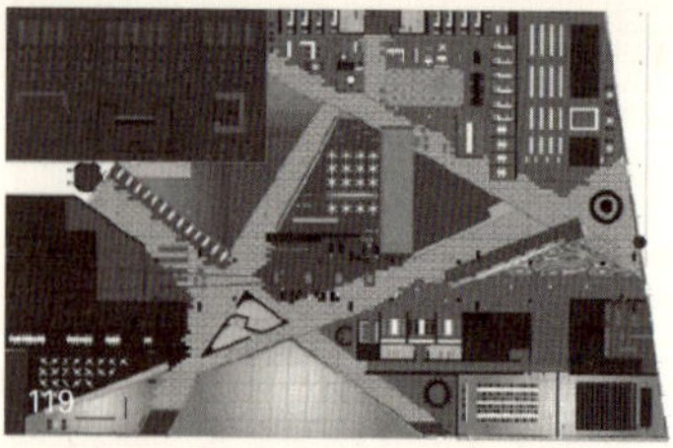

잉겔스 역시 이러한 버락 오바마의 당선을 중요한 시대적 구분점으로 제시하고 있으며 그 이후 자신의 건축적 사유을 『YES IS MORE』라는 단어와 함께 제시하고 있다. 앞서 살펴본 바와 같이 그는 전위적인 아방가르드적(이상주의)인 흐름과 실용주의적 관점의 흐름을 중첩시켜 접점을 찾고자 한다. 단순히 신자유주의적 속성의 자본 집적을 아무런 선악의 편견이나 관점없이 모든 것을 수용하고 변화와 움직임 흐름들을 포용하고자 하는 건축적 흐름은 결국 렘 콜하스의 거대함과 다양함을 수용할 수 있는 다중심, 비선형, 탈 위계적인 건축적 흐름으로 나타나게 된다. 콜하스는 계속된 흐름과 변화를 만들어내기 위해 다양한 요소들이 상호교차하고 계속되는 요소들간의 배치를 통해 새로운 의미를 생성하도록 유도하는 공간적 배치를 계획했다. 이것은 다분히 생기론적인 관점에서 욕망의 흐름을 가감없이 수용하는 들뢰즈의 '기관없는 신체'의 개념을 충실하게 수용한 결과이다. 그러나 그러한 욕망의 흐름에 중립적인 혹은 신자유주의적 관점에 협조적인 건축적 흐름은 문제가 있음이 드러났다. 플라톤의 이데아와 모사라는 오랜 관념론의 전통은 들뢰즈의 후기자본사회를 바라보는 사유를 통해 전복시키고자 했고 그러한 관계와 관점으로는 설명할 수 없는 시뮬라크르의 세계, 변화와 욕동과 생성의 사유를 적극 지지했다. 세계는 2009년의 사태를 통해 새로운 질서가 필요함을 인식했고 정신세계에 있어서도 플라톤을 전복하고자 했던 방식과는 다른 방식의 사유와 사회체계가 필요함을 인식하게 되었다. 그러한 상황에 대한 대안적 사유와 흐름을 바디우의 철학에서 상당부분 발견할 수 있다.

알랭 바디우의 사유 역시 생기론의 계보에 해당되는 후기구조주의의 관점에서 설명이 가능하다. 그러나 들뢰즈의 변화와 운동, 생성을 사유하기 위

119. 다중심의 배치를 통한 의미생성

해 시뮬라크르의 개념을 주요하게 도입했던 것과 같이, 플라톤의 이데아와 모사copy의 관계로서는 설명할 수 없는 관계에 대해서 주목했다. 그러나 알랭 바디우는 들뢰즈가 전복시켰던 플라톤주의를 다시 복권시킨다.

이것은 다양한 흐름과 변화를 최대한 허용하여 최대한의 효과를 추구했던 후기자본시대의 신자유주의적 흐름과는 궤를 달리 한다고 볼 수 있다. 물론 들뢰즈의 노매디즘이 좌파적 관점에서 기존 질서에 대한 탈주를 의미하기도 하지만 다른 한편으로 우파에게는 기존의 공고한 체계를 유연하게 만들어 최대한의 유동성을 부여하여 전세계적으로 자본의 흐름과 유동성을 가능하게 하는 플랫폼을 구축해 손쉽게 부의 이동과 축적을 가능하게 하는 방향으로의 '탈주'를 의미할 수도 있다. 이후 그 체계는 다시 공고해진다. 들뢰즈의 사유는 운동과 변하에만 초점을 맞추고 있는 경향이 강해서 욕망의 흐름이 드러나고 현실화되며 다시 잠재성으로 환원되는 순환에만 중요성을 두고 있다. 거기에는 어떠한 진리나 선악의 도덕적 판단은 유보된다. 바디우는 들뢰즈의 이런 점을 비판한다. 그의 사유는 데카르트적인 주체와 객체의 관계에서 벗어나 집합적 다수로부터 사건이 일어나는 것을 중심으로 다수가 그 사건을 해석하고 어떠한 행동을 촉발시키게 되는 것에 주목한다. 그 행동이 충실성을 가지고 후세에 계속적으로 영향력을 행사하게 되는 무언가가 되면, 기존의 진리나 지식체계는 파괴되는 것이며 그 사건을 촉발시킨 무언가가 '존재'가 된다고 생각한다. 그래서 바디우의 존재론에서는 다음의 두 문장이 중요하게 그의 대략적인 사유를 상징하고 있다. **'진리는 지식에 구멍을 뚫는 것이다.'**와 **'사건은 일자一者와 공백 사이에 있다.'**가 그것이다.

다수에게 사건이 촉발되어 나타나면 다수의 실존에 걸려있는 중요한 사건인 경우 다수는 그 사건에 개입하여 해석을 내리고 그것이 앞서 언급한 지식이나 진리체계를 파괴한다. 법정영화의 주인공이나 투쟁하여 무언가를 변화시킨 인물들의 영화를 상기해보도록 하자. 주인공은 부패한 권력 혹은 부조리한 사회제도에 항거하여 투쟁하다가 죽거나 모진 고난을 당하고 마침내 사회제도가 개선되거나 진리가 개선되는 경우이다. 그의 영웅적 행위에 감화받은 대중은 사회의 변화를 수용하고 그의 정신은 개선된 제도로 계속해서 남게 된다. 대중은 그를 추모하며 변화된다. 들뢰즈의 사유에는 변화와 생성에 사유의 초점을 맞추다보니 밤하늘에 반짝반짝 빛나는 별과 같은 진리적 요소는 끼어들 틈이 없다. 이와는 달리 바디우는 사건의 이면에서 계속해서 X-ray와 같이 투사되어 현실세계에 영향력을 미칠 수 있는 방식의 사유를 제시하고 있다. 혹은 일반대중으로부터 떠오르는 주체의 출현과 지식체계의 파괴를 통해 충실성을 담보할 수 있도록 한다. 다시 말해, 민주적으로 대중의 욕망과 니즈를 반영하며 만들어지는 사건과 드문 주체와 충실성을 추구하는 것이다. 이것은 2009년 서브프라임 모기지 사태로 인해 아무런 제재없이 자본의 이동과 집적을 추구했던 신자유주의적 질서에 대한 대대적인 반성을 촉구시켰으며 새로운 사유와 질서가 필요함을 전세계인에게 인식시켰다.

바디우에게 그의 개념을 가장 이해하기 쉽게 설명할 수 있는 인물은 신약성경에 나오는 사도 바울이다. '사도 바울'에 대한 철학서를 집필한 그는 정치적 관점에서 새로운 주체와 진리(지식)의 파괴현상을 설명하기에 가장 적합한 인물로 바울을 선정했다. 역사상 사도 바울은 고등교육을 받은 로마시민으로 예수를 박해하고 뒤쫓다가 감화받아 오히려 예수의 사상을 전파하고 그의 가르침을 교조화한 공로가 있는 인물이다. 그는 로마인이었지만 로마의 법제적 틀에서 벗어나 있던 사람이었으며 유대적 율법체계와 그리스 철학적 질서에도 벗어나 있는 인물이었다. 그는 예수의 죽음과 부활이라는 사건을 통해 감화되어 철저하게 변화되었고 사울에서 바울로 개명하였다. 예수라는 보편적 진리는 예수의 죽음과 감화받은 사도 바울의 헌신적 전도여행과 죽음을 통해 당시 많은 사람들의 실존에 영향을 끼쳤고 당시 현실세계에 해석을 유도했고 사람들의 마음에 예수의 가르침을 따르고 유지하게 하는 강력한 충실성을 만들었다. 그는 당시 사회에 강력한 충격파를 만들었으며 많은 사람들의 해석과 충실성을 중심으로 드문 '주체'가 되었다. 즉, 주체는 충실성이라는 진리의 작용이다. 변화시키는 무엇이지만 진리가 투사되어 기존의 지식체계에 구멍을 뚫고 변화시키는 것이다. 들뢰즈의 사유와 결정적으로 다른 양상을 보이는 지점이다.[68)]

구조주의는 합리적 이성으로 실증적 부분뿐만 아니라 감성, 무의식, 문화인류적 요소 등 인간의 근본적 구조를 연구함으로써 근대의 주체 객체의 이분법적 대상적 사유를 극복하고자 했다. 그러나 구조주의자에게는 인간이란 그저 이미 정해져 있는 구조속에서 프로그램화되어 움직이는 존재일 뿐이다. 구조주의자에게 세계는 전혀 새로운 것이 있을 수 없다. 후기구조주의자들은 기존의 구조로는 설명할 수 없는 부분에 집중한다. 새롭게 구조를 뚫고 나와 새롭게 구조를 만들어내는 것, 전복시키는 것 혹은 소외되거나 주변화되었던 것 억압되거나 무시되었던 것들을 복권시키며 새롭게 안정화시키면서 기존 구조에 다시 껴안게 만들어 전체적으로 안정화시킴으로써 더욱 건전한 구조를 만들어나가는데 도움이 되게 하는 것이다.

관념론으로 대표되는 플라톤의 이데아와 카피의 관계로는 설명하기 힘든 시뮬라크르의 작용을 통해 생성과 변화, 사건을 사유하고 생성을 통해 의미가 만들어지는 존재론을 사유했던 들뢰즈는 근대의 주체와 객체의 이분법적 구도는 철폐되어야 할 구조일 뿐이었다. 변화와 생성을 통해 계속적으로 변화되는 의미가 존재인 들뢰즈의 사유는 앞서 언급한 주변화되고 억압되고 무시되었던 것들을 활발하게 수면위로 끌어올리는 효과가 있었다. 바디우 역시 주체와 객체의 구도를 폐기한 것은 마찬가지이다. 그러나 그는 순수 다수만 존재하고 떠오른 사건과 그 사건에 관계된 실존들의 해석의 개입을 통해 주체가 도출되고 충실성을 바탕으로 기존 진리체계(구조)가 파괴되는 것, 뚫고 나오는 것에 대해서 사유한다. 다수에 의한 욕망이 투사되고 기존구조체계로는 진리가 온전하게 작동되지 못하는 것을 투사하여 변화시켜

68) 알랭 바디우, 들뢰즈—존재의 함성, 박정태 역, 이학사, 2001, p307

새로운 구조가 작동할 수 있도록 하는 움직임을 사유한다. 기존의 구조가 고정 불변하는 것이 아니라 새롭게 변화할 수 있는 것임을 주장하는 것은 동일하나 그것이 다수가 존재하고 사건이 도래하고 그것이 새로운 주체를 형성시키고 충실성을 만들면서 구조가 변화되는 것을 사유한다는 점에서 새로운 개념의 후기구조주의적 관점을 제시하고 있음을 알 수 있다. 그것은 이른바 어떤 사건을 통해 민중으로부터의 변화를 만들어내는 것이며 먼 곳에서 반짝반짝 빛나는 진리와 정의가 현실세계 이면에 계속 존재하면서 투사되고 반영되고자 하는 것을 의미한다.

-BIG의 도시론의 정치적 특성

미스의 'Less is More'로 대표되는 모던시대의 획일성과 무표정한 건축의 양산의 시기 이후 벤츄리는 호기롭게 'Less is Bore'라는 구호로 다원주의 시대의 아방가르드적 역할을 수행했다. 렘 콜하스는 후기자본사회를 대표하는 신자유주의적 질서속에서 'More is More'의 구호를 주장했다. 그는 선악의 구분없이 중립적 입장에서 거대화Bigness되며 최대한의 볼륨의 외피속에 최대한의 프로그램과 요소들이 혼합된 복합체를 추구했다. 다시 말해 신자유주의의 질서를 최대한 수용하는 자세를 견지했다. 그러나 그는 렘의 OMA 출신인만큼 그와 유사한 측면이 있는 가운데 한편으로 다른 방식으로 진화된 측면이 있다. 건축적 양태에 영향을 끼친 신자유주의가 기존의 질서를 유동화시키고 유연화시키면서 최대한의 집적을 가능케하는 플랫폼을 구축하고 활발히 움직이다가 극을 향해 달려가고 그것이 하나의 사건으로 전세계를 강타한 것이 서브프라임 모기지 사태이다. 신자유주의적 가치에 대해서 재고하고 반성하면서 새로운 세기의 새로운 사유가 필요하게 되었다. BIG은 실용주의적 이상주의를 표방하면서 건축적 사건과 새로운 도시론으로 바디우가 제기하는 정치적 영향력을 통해 충실성이 담보될 수 있는 방법론을 계속해서 추구하고 있다.

그의 도시론에서 사용되는 방법론 중 가장 큰 특징은 정치적 이슈를 촉발시키기 위해 다양한 프로그램의 건축매스군을 형성시키면서 동시에 그것이 또 다른 인프라스트럭쳐가 되고 상징성을 인지시킬 수 있는 도시의 구조로 형성되는 과정이다. 이 과정에서 거대도시구조와 기능을 담당하는 하부구조가 되면서 동시에 정체성을 형성하게 만드는 효과가 있다. 크게 분류했을 때, 거대한 하부구조가 되는 경우에는 구조 하부에 다양한 욕망과 유동적 흐름을 포용하는 건축물이 되는 경우(마운틴 건축)와 Loop City 및 Sowwah Island Bridges, The Bridge의 사례와 같이 건축물자체가 거대한 하부구조(다리)가 되는 작품들이 있다.

또한 Scala Tower, Slussen, West 57 Street의 사례와 같이 주변의 유동적 흐름(교통 및 인구동선)과 힘을 그대로 수용하면서 동시에 동시대 건축에서 자주 사용되는 랜드스케이프 형식의 건축물이 되는 경우가 있다. 랜드스케이프 건축이 대체로 대지 주변의 다양한 동선을 연결하는 방법론이 일반적이지만 BIG의 경우에는 좀 더 유동적인 형태의 힘이 드러나면서 기능을 만족시키고 최대한의 유동인구와 행위를 끌어들일 수 있는 구조를 제시함으로써 공공성을 확보한다. 특히 상부구조를 지면으로부터 들어올려 프로그램과 이벤트의공간을 공공영역으로 사용하는 동시에 아이덴티티를 형성하도록 구축되는 측면이 강하다는 점에서 자신만의 특징이 있다.

Kahlifa Park의 사례에서처럼 프로그램이 구축된 상부를 이용하여 놀이기구(하부구조)가 되는 구조가 있으며 Amager resource center화력발전소의 경우 상부구조를 스키장으로 형성시킴으로써 환경에 저해되는 이미지를 상쇄하는 아이디어를 성취했다.

120. Slussen 계획

특성		설명	사진
하부구조	교량(다리)	-프로그램의 구축물이 교량이 되는 경우 -동시에 거대구조물의 도시적 정체성, 랜드마크 형성	
	교통량, 인구유동 힘반영	-교통요충지node의 각종 힘을 반영하여 Landscape화한 건축군 형성	
	자전거 트램길	-교량형과 마찬가지이나 다소 소극적인 자전거나 트램동선, 산책동선의 하부구조와 결합된 건물형성	
	놀이기구 (테마파크)	-프로그램의 구축된 매스의 상부가 놀이기구화된 경우	
아이콘화 (정체성)	산(피라미드)	-전체적인 건축물군이 산이나 피라미드형태의 형태로 인식되는 경우	
	문자형	-건축물군이 정체성을 상징하는 문자 형태를 띠는 경우	
	대형 블록	-거대한 사이트의 형태대로 거대한 블록을 이루는 경우	
	인공섬	-이상적인 조건의 인공섬에서 정체성을 추구	
프랙탈 특성	파편화 종합	-파편화된 요소들이 군집을 이루며 하나의 형태를 갖추며 정체성 확보	
	변이	-유동성과 힘의 방향성을 따라 프로그램의 교차	

한편, The Red Line의 사례에서처럼 자전거, 트램길의 하부구조가 되는 작품 경향이 있다. 하부의 다양한 형태의 옥상부분을 자연스럽게 지면과 연결하여 자전거라인으로 형성하면서 동시에 시민들에게 녹지를 제공함으로써 지역의 랜드마크인 동시에 자연적 요소를 도입한다.

그의 건축은 이 외에도 군집의 결과물이 궁극적으로 간단한 형태의 아이콘으로 표현되며 구축됨으로써 상업적으로 성공적인 이미지메이킹이 가능하도록 하면서 동시에 도시에서 정체성을 확보할 수 있는 랜드마크의 형태를 띠고 있는 경우가 많다. 이에 대한 사례로서, 구축된 형태가 숫자나 문자 등의 형태가 되는 것으로 사람人의 형태를 띠는 상하이 인민 REN 오피스와 W글자를 연상시키는 Walter Tower가 대표적이다. 또한 건축물군이 산이나 피라미드 형태로 인식되도록 함으로써 자연물을 연상시키는 인공적 구조물의 형태가 되도록 하는 경향이 있다. 또한 The Clover Block의 사례에서처럼 사이트를 둘러싸는 거대한 필지의 띠를 두르는 블록형태를 두면서 정치적 이슈를 만들어내고 주변에 거주하는 사람들의 실존에 영향력을 주며 해석을 유도하게 만드는 측면이 있다. 또한 후기구조주의의 조류에 속한 그의 건축 역시 파편화된 프랙탈적 형태의 조합이 거대한 군을 이루는 형태를 이루는 프랙탈적 특성과 순환의 이미지, 변이의 이미지를 충실히 소화하는 건축작품군들이 있다.

이러한 작품경향은 모두가 구조 이면의 니즈를 충실히 반영하면서 기존 구조를 변형시키는 부분을 주된 주제로 사유하는 후기구조주의의 특성을 고스란히 띠고 있다. 동시에 그의 작품은 들뢰즈의 담론으로 설명할 수 있는 렘 콜하스의 작품과는 달리 정치적 이슈를 촉발하고 그것에 자신의 실존이 연계되는 다수의 사람들의 해석을 유도하게끔 하여 충실성을 담보할 수 있도록 하고 있다.

121. REN Project

–마스터피스로서의 도시관

현실적인 구조의 틀 안에서 새롭게 태어날 수 있도록 하면서 새로운 구조 및 질서를 만들어내고자 하는 것, 그것은 후기구조주의적 특성이면서 동시에 이상적인 플라톤적 사유를 회복시키고자 하는 움직임으로 볼 수 있다. 그것은 앞서 살펴본 바디우 사유의 주된 특성이기도 하다.

	모던 시대의 Master Plan	BIG의 Master piece
기능	전략적 지침의 역할	건물자체가 전략적 계획
성격	한 지점에서 도시화를 위한 지침의 성격	마스터플랜과 마스터피스 사이 정체성확보
실행 방법	마스터플랜 작성후 마스터피스 삽입	마스터플랜+마스터피스 동시진행

122

앞의 표는 근대의 마스터플랜과 BIG의 새로운 도시적 시각인 마스터피스의 개념의 차이를 분석한 것이다. 마스터피스라는 도시적 규모의 개념을 실행함에 있어서 그들의 건축은 매우 거대한 건축을 추구하되 단순히 자본의 집적을 위한 다양체와 같은 측면만을 중시하여 포용시키는 것이 아니라 그 거대한 건축물에 아방가르드적인 감성과 실용적인 실제적 요구를 모두 수용하여 그것이 정치적 이슈가 되고 하나의 건물이 되고 있다. 그러면서 동시에 도시의 또 다른 인프라가 된다. 그렇게 되면 마스터플랜과 동시에 진행될 수 있는 거대성과 충실성을 담보할 수 있는 건축물이자 도시적 랜드스케이프로 거듭나는 것이 중요한 이슈로 남게 된다.

잉겔스는 이렇게 거대규모로 정치적 이슈를 촉발시킬 수 있는 다소 이상적

122. 플랫폼으로서의 하부구조

인 도시적 스케일의 계획안을 다수 선보여왔는데 그중에서 비교적 최근작인 순환도시Loop City의 경우 그동안의 하부구조로서의 대규모 도시적 정체성을 갖게 만드는 계획들을 종합하는 듯한 도시계획적 마스터피스의 내용을 충실히 담은 작품을 선보였다.

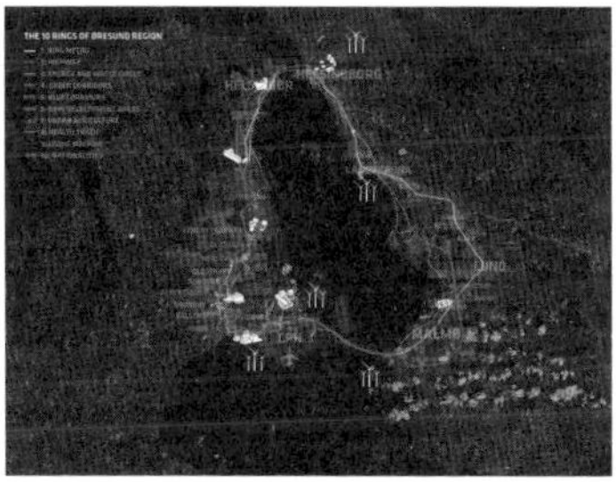

123

특히 Loop City의 경우, 1947년 수립된 코펜하겐 교외확장계획인 finger plan으로부터 인근국가의 연안의 도시구조를 연결하여 순환구조를 만드는 더욱 발전된 안을 선보이고 있다.

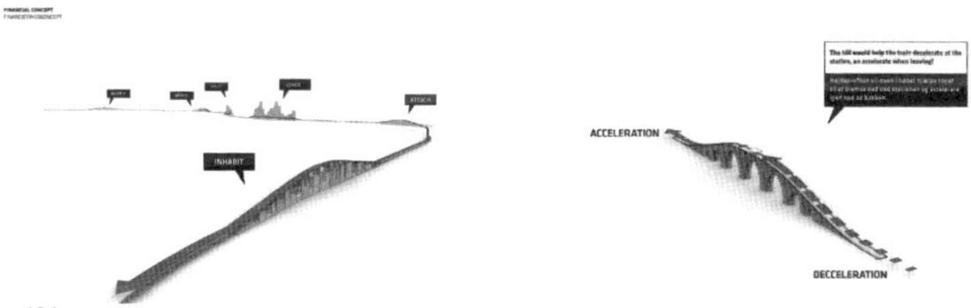

124

특히 경전철로의 역이 되는 부분은 상부로 들어올려진 가운데 로마수로교와 같은 형태의 건물군이 되어 TOD의 역할을 수행하며 복합하되는 상항을 연출하고 있다.

123. Loop City 프로젝트
124. 역부분TOD의 개념도

125

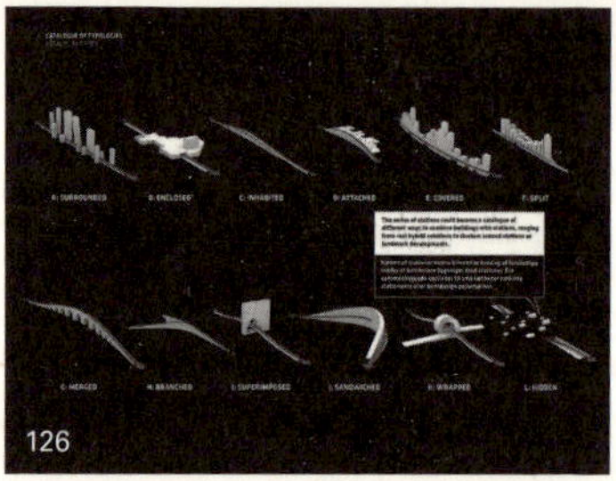

126

특히, 건축적 해결을 가능하게 하기 위해 이러한 상황이 벌어질 수 있는 각 역이 위치하는 지역의 다양한 건축적 상황의 해결책을 유형화시켜 제시하고 있다. 이 프로젝트는 CBD를 제외한 덴마크의 거의 중요한 모든 지역을 포함하여 인근 국가의 연안지역을 순환시키는 하부구조를 제시함으로써 큰 반향을 일으켰다. 결국 이 프로젝트는 큰 스케일의 시각에서 보았을 때 많은 수의 국민들의 삶에 직접적으로 관련되는 도시적 비전과 해결책을 제시함으로써 자신의 삶과 지역에 대해서 생각해보고 논의될 수 있는 가능성을 열어두며 이 프로젝트에 대해서 각자 해석하며 참여할 수 있는 사건이 되었다. 공공의 논의가 촉발되고 결국 이러한 요소들이 실현되면 이 하부구조는 결국 후대에 지속적으로 영향력을 끼치며 존속하는 주체적 요소가 될 것이다. 드문 주체를 언급하고 사유한 바디우적 접근방식과 유사함을 인식할 수 있는 부분이다.

–정치적 충실성과 도시론의 관계

지금까지 일반적인 도시적 해결방식은 대규모적인 스케일과 천문학적인 자금이 투입되기 때문에 논란이 될 수 있는 부분을 적절하게 피하면서 적극적으로 대중의 의견을 반영하는 도시적 해결방향이 나오는 것이 드물었다. 마스터플랜으로 대표되는 엘리트가 주도하는 탑다운방식의 프로세스는 그러한 행태들을 잘 설명할 수 있는 방식이다. 그러나 살펴본 바와 같이 잉겔스

125. 입면적 아이디어 제시
126. TOD의 유형분류 및 해결방식

는 의도적으로 논란이 촉발될 수 있는 부분을 선제적으로 먼저 계획하고 그것을 정치적 이슈로 만들고 논의하면서 마스터플랜의 요소와 마스터피스가 동시에 수행될 수 있는 거대한 하부구조를 동시에 계획함으로써 일반 다수의 해석의 개입을 촉발시킨다. 그는 그것이 일반 다수의 실존에 많은 영향을 끼칠 수 있는 하부구조가 되는 계획을 제시함으로써 거대구조물의 계획 역사에서 새로운 이상적 제안을 제시하고 있다.

그의 건축 중 많은 건축구축 방법론이 파편화된 요소들이 '종합'을 이루면서 기존의 콘텍스트에 거대한 질서를 만들며 새로운 의미와 충실성을 생성시키고 있다. 이러한 특성과 유동성과 힘의 방향성을 이용하고 다이어그램을 주된 주변의 힘과 관계의 반영과 변이를 통해 새로운 진화된 차원의 '변종'을 만드는 점에서는 후기구조주의의 사유를 반영하고 있으며 특히 들뢰즈적 사유의 연장선상에서 사유를 하고 있다고 볼 수 있다. 그러나 단순히 들뢰즈적 시각으로는 설명하기 힘든 부분이 존재한다. 실용주의적 이상주의를 추구하는 그의 건축은 다수에 의한 플라톤주의를 주장하는 바디우의 사유에 더 적합하며 다수의 개입과 해석을 통해 새로운 사건과 함께 주체가 도래하여 기존의 지식체계를 파괴하고 드문 충실성의 건축과 도시론을 추구한다는 점에서 바디우적이다. 단순히 아이디어가 특출한 개별건물로서의 의미를 갖는 것에서 더 나아가 그의 도시론은 대형화 복합화되는 현대건축의 흐름에서 좀 더 많은 사람들의 실존에 관계되는 주제를 선정하고 대중의 관심을 불러일으키기 쉬운 매체(코믹북, 플래시 애니메이션적인 표현)를 사용함으로써 관심을 유도하고 해석과 참여의 여지를 충분히 제시함으로써 사건을 촉발시킨다. 이러한 과정을 통해 그의 작업은 바디우가 이야기하는 드문 주체로서의 지위

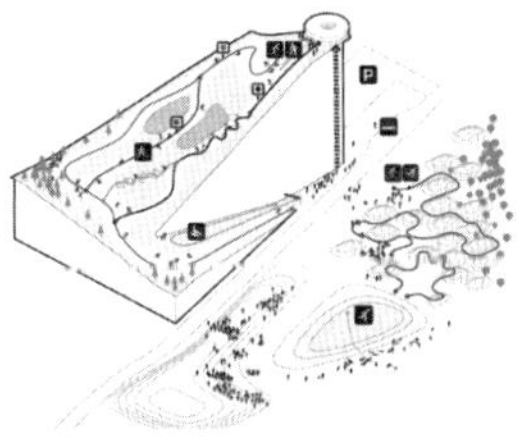
127

127. 사건의 촉발과 해석을 유도하는 계획안

를 획득하고 일반인들에게 충실성이 담보되는 하부구조로서 일상생활에 깊이 관여되는 일부가 되는 계획을 수행하여 새로운 도시론의 가능성을 제시했다.

BIG의 작품을 살펴보면 그의 건축은 근대적 주체와 객체의 관점에서 벗어나 사건과 해석의 과정을 거쳐 충실성을 통해 기존 지식의 체계, 진리의 체계에 구멍을 뚫고 새로운 체계를 만들어 내는 과정을 사유하는 후기구조주의의 연장선상에 있음을 확인할 수 있다. 렘이 활발하게 활동했던 시대의 'More is More' 라는 구호는 들뢰즈적인 사유를 보이는 것으로 생각할 수 있다. 신자유주의적 광풍과 개발, 손쉬운 자본의 이동 등으로 인하여 나타나는 다양한 글로벌 도시와 건축양상을 관찰하여 이러한 상황을 포용하는 건축과 대형화, Max Mix를 통해 후기자본사회와 후기산업사회를 그대로 수용하는 건축을 선보였다. 그러나 BIG의 건축은 단순히 많은 것을 집어넣으려고 하는 것만이 아니라 이상적인 아방가르드적 감성과 대중의 요구사항을 동시에 실용적으로 추구하여 실현시키면서 정치적 이슈를 소화해내어 소통하고 있기 때문으로 풀이된다. BIG의 다이어그램은 일단 매우 직관적이고 이해하기 쉽다. 건축과 관련없는 일반인이 보기에도 쉽게 이해되는 내용으로 구성되어 있다. 이를 통해 다수의 실존에 영향을 주고 해석이 개입되고 기존질서를 뚫어 새로운 질서를 만들어내는 것은 들뢰즈의 생기론적 관점의 방향과 매우 다른 것이며 플라톤적인 흐름을 다시 회복시킨 것으로 볼 수 있다. BIG의 건축 및 도시관이 이렇게 많은 사람들이 참여하여 해석할 수 있는 매체적 특성을 사용하면서 정치적 이슈를 촉발시키고 그것이 이상적인 것과 실용적인 것의 줄다리기를 통해 새롭고 거대한 하부구조로서 이상적으로 다시 기능하는 마스터피스를 추구한다는 점에서 알랭 바디우의 동시대적 시대성과 사유와 연결되고 있다고 판단된다. 다소 건축적 관점의 도시적 접근방식으로 볼 수 있으나 그의 도시론은 정치적 이슈를 통한 해석과 참여와 주체의 생성 그리고 그것이 충실성을 담보할 수 있는 마스터피스의 접근방식을 제시한다는 점에서 새로운 도시론의 가능성을 보여주고 있다. 기존의 것은 그 건축물 자체가 하나의 소우주를 형성하는 것이었으나 BIG의 작품은 개별의 요소들이 집합하며 소우주를 형성하는 가운데 그 자체의 복합체가 또 다른 기능이나 또 다른 도시적 하부구조로 구조화되며 하나의 플라톤의 이데아와 같은 구조화가 진행되고 있다는 점에서 차별화된다. 후기구조주의적 구성형태를 가지되 닫혀진 형태가 아니라 그 자체가 하나의 거대한 하나의 하부구조를 만들어낸 것이 후기구조주의적 관점, 즉 들뢰즈적 관점까지의 방법론이었다고 한다면, BIG의 방법론은 그것 자체가 하나의 하부구조를 만들어 내는 것은 마찬가지이다. 그러나 그의 작업에는 매트빌딩의 요소들이 들어가면서 그 자체가 하나의 또 다른 큰 규모의 기능이 되는 하부구조infrastructure가 된다는 점과 그것이 다양성을 수용하면서 모더니즘의 이상을 회복시키고자 하는 플라톤의 복권을 시도하고자 한다는 점에서 기존의 작품들과 차별화를 이루고 있다. 그것은 다수의 열망과 진리가 기존의 욕망과 지식구조를 파괴하고 새로운 충실성을 담보하는 새로운 세계를 창조할 수 있다는 점에서 진리가 드러나는 플라톤 복권주의와 연계된다.

지금까지 후기구조주의 담론과 연계된 건축경향을 살펴보면서 혼돈의 카오스처럼 보이는 군집의 활동이 사실은 이면에 내재해 있는 질서들의 집합이며 그것이 만들어내는 질서는 미시와 거시의 순환을 이루는 프랙탈의 형태구성과 연계됨을 함께 사유할 수 있었다. 세실 발몽의 비형식의 개념을 탐구하는 건축작업은 이러한 후기구조주의의 형태와 관련된 사유의 직접적 대응에서 나오는 결과물들이다. 그의 작업은 후기구조주의의 시각에서 구조를 바라보고 그러한 사유의 개념을 반영하는 작업이었다. 네트워크 도시의 은유와 관련하여 매트빌딩 방법론은 다양한 요소들이 군집되며 만들어나가는 이면의 질서의 조합을 보이며 이 역시 후기구조주의의 공간과 형태적 특성을 확인할 수 있는 주제였다. 동시대의 매트빌딩은 초기 구조주의에서 보였던 구조의 획일성이 점차 그 단점을 보완하며 진화하고 있다. 네트워크도시론은 기존의 단일 도시군의 한계점을 보완하며 시너지를 만들 수 있는 도시차원의 거시적 방법론으로 부상하고 있다. 최종적으로 동시대 건축가들의 작품들은 관습적인 건축적 구성방법에서 자연에서 유추되고 외적 변수로부터 자연스럽게 요소들에 영향력을 받아들이면서 형태와 공간으로 구성되면서 조화를 이루며 군집을 이루는 방법론, 하향식보다는 다양한 니즈로부터 만들어지는 상향식의 새로운 질서를 만들어나가는데 관심을 집중하고 있다. 그들은 선언적이고 권위적인 구조보다는 개별적 요소들이 군집하며 새로운 사건을 형성하며 새로운 질서를 생성시키는 민주적이고 안정적인 방법론을 선호한다는 점에서 보다 후기구조주의적인 방법론을 사용하고 있다고 볼 수 있다. 이들의 작업은 모두가 동시대의 담론을 염두에 두고 화두를 던지며 최대한 현대성을 반영하려는 투쟁의 결과물들이다. 근대가 만들어왔던 폐해를 극복하고 다양성을 근간으로 하여 민주적인 방식으로 전체적 질서와 조화를 이루어가는 방법론을 탐구하는 자세와 방법론들이 계속해서 진화되고 있다.

시사점과 PART 3 건축적용 가능성

생각해보아야 할 점

- 생기론과 연계된 후기구조주의 형태와 공간은 어떠한 의미를 가지고 있는가?
- 들뢰즈와 바디우의 쟁점과 새로운 시대의 변화속 질서는 어떠한 의미를 지니는가?
- 도시적 은유와 비형식적 패턴화와 형태형성은 어떠한 관계가 있는가?
- BIG의 방법론과 새로운 세기의 질서와 어떤 관계가 있는가?
- 새로운 시대적 상황과 미디어환경에서 건축가의 새로운 직무와 가능성은 어떠한가?

등이다.
이후의 질문은 스스로 적어보고 사유하도록 해보자.

8022 생기론과 연계된 후기구조주의 형태와 공간은 어떠한 의미를 가지고 있는가?

공간과 관련하여 생기론은 근대의 이성의 주체가 중심이 되는 데카르트적인 이성이 논리적 좌표체계에 의해 생성되는 공간의 체계가 아니라 들뢰즈가 중시한 바와 같이 기존의 주체와 객체의 이원론적으로는 설명하기 힘든 시뮬라크르의 세계를 사유했다. 그것은 이른바 후기구조주의가 말하는 구조 이면에 흐르는 카오스의 세계, 욕망의 세계를 의미한다. 인간세계를 이루고 있는 구조와 변화를 이루어가는 체계를 만들어내는 철학적 흐름인 후기구조주의는 건축공간과 관련해서 자연스럽게 이성의 시기에 주로 행해졌던 근대의 그리드 체계와 조닝에 의한 총체적인 질서를 만드는 하향식의 방식과는 다른 형태와 공간을 사유한다. 후기구조주의의 공간구조는 이면이나 심리적, 욕망적인 다양한 요소들이 자유롭게 창발하여 다양한 요소들 가운데 형태를 만들어 안정화되고 순환하는 구조를 만드는 상향식의 방법을 선호한다. 앞서 살펴본 후지모토 소우의 표현으로는 '**국소적인 관계성의 연**

쇄에 의한 작은 질서를 만드는 방법'으로 표현할 수 있을 것이다. 이러한 방법론이 주목을 받고 있는 이유는 무엇일까? 그것은 근대의 문제가 되었던 주체와 객체의 대상화된 세계관을 극복할 수 있는 방법론으로 실험될 수 있기 때문일 것이다. 그것은 기존의 하향식의 전체주의적 방법론을 통해 대상화 된 시각의 결과물로 야기될 수 있는 부작용을 극복하는 방법론이 될 수 있을 것이다. 1권에서부터 계속해서 살펴왔던 이성의 명암에 해당되는 내용을 상기해보도록 하자. 근대의 구조 및 시공기술과 재료의 발전을 통해 비약적으로 발전했던 현대건축어휘는 현대건축의 기본어휘와 구조가 되어 전세계적으로 전파되었지만 거기에는 이성의 폐해와 어두움이 같이 공존하는 구조였다. 엘리트적인 권위주의와 오만함이 담겨있는 이데올로기의 구조속에서 소수, 주변의 것, 억압받는 것들의 목소리들은 배제되거나 무시되거나 애써 감추어져왔다. 그러나 후기구조주의적 구성방법론은 엘리트적인 시각의 구성방법론이 아니라 개별적 요소들이 전체를 만들어가는 민주적인 절차(대중의 니즈와 욕망에 따라 움직이는 구성)의 구성방법론이라고 볼 수 있으며, 그것은 상향식의 다른 방법론이라고 볼 수 있다.

경제적인 측면에서 보았을 때 활발하게 경제가 발전하고 기업이 확장되면서 비약적인 인류문명의 발전이 있었던 시기는 각종 규제가 최소화(최소기능의 국가, 야경국가의 논리)되면서 중상주의가 발전한 시기였으며 이 시기에 인류사에 가장 큰 발전과 자유로움이 만개했다. 그것은 국가가 규제하고 복지적인 측면을 강조할수록 국가경쟁력이 떨어진다는 자유주의적 입장에서의 방법론으로 볼 수 있다. 파이를 키워 낙수효과를 극대화시켜야 한다는 시장주의와 파이를 공평하게 분배하는 것을 우선적으로 하여 분배로부터 소비와 경제를 살려야 한다는 사회복지 중심의 생각이 서로 대립되는 것과 유사하게 공간과 형태에 있어서도 근대적 사고로부터 나온 전체주의적 조닝의 공간과 후기구조주의적 시각에서 상향식의 가오스속 질서를 집아가는 공간과 형태는 그만큼 다른 측면의 사유할만한 가치가 존재한다.

도시적인 시각에서 보면 계획적인 도시formal city와 자생적으로 생겨난 도시인 인포멀 시티informal city에서의 구성방법론의 차이와 비유를 생각해볼 수 있다. 인포멀 시티는 이른바 상향식의 구성방법론이라고 할 수 있다. 정확한 그리드 체계의 이성적 구성방법론으로 대표되는 포멀 시티와 산동네로 대표되는 인포멀 시티는 그 나름의 장단점이 존재한다. 효율성속의 비인간성과 불편함으로 상징되는 비효율성이 지배하는 인간적 공간과 관계를 누릴 수 있는 차이가 존재한다. 도시의 구성에 있어서 분명한 것은 극단적인 어느 한쪽의 방법론만으로는 심각한 문제가 발생될 수 있다는 점이다. 또한 세계에서 훌륭한 도시로 손꼽히고 있는 도시는 대부분 계획과 요소formality 인포멀리티informality가 적절하게 조화를 이루고 있는 것이 공통점이다. 또한 학문적으로도, 담론적으로도 이러한 요소들에 대한 토론과 타협이 끊임없이 이루어지며 나름의 질서를 이루는 장소가 훌륭한 도시적 전통과 공간을 자랑한다. 후기구조주의의 담론으로부터 나오는 혹은 영감을 받아 생성되는 공간 및 형태와 질서는 긍정적 순환과 조화를 위해 무시되거나 주변화되었던 만큼 드러나게 하거나 새롭게 생성되며 조화의 질서를 새롭게 이루어야 한다는 점에 있다.

8023 들뢰즈와 바디우의 쟁점과 새로운 시대의 변화속 질서는 어떠한 의미를 지니는가?

앞서 살펴본 바와 같이 들뢰즈와 바디우의 쟁점은 다음과 같다. 주체를 배제하고 선악을 구분하지 않는 중립적 입장에서 운동과 흐름의 생성에 집중하는 들뢰즈의 입장이 있다. 그것은 탈주를 통한 잠재성의 운동과 생성이 가장 중요하며 그것이 만들어내는 새로운 의미의 생성이 그가 생각하는 존재론이다.

그러나 바디우는 들뢰즈의 후기구조주의적 태도에 상당부분 영향을 받았으면서도 그의 입장과 많은 부분 대립각을 세우고 있다. 바디우는 돌발적인 사건을 통해 다수로부터의 해석과 개입을 통해 주체가 드러나고 그것이 후 사건적 실천과 충실성을 통해 기존 지식을 파괴하고 새로운 질서를 만들어 나가는 존재론을 주장하고 있다.

주체를 배제하고 플라톤의 이데아와 모사copy의 관계로는 설명하기 힘든 요소들이 만들어내는 움직임과 생성이 '존재'라고 보는 비인간주의의 들뢰즈와는 달리, 바디우는 사건을 통해 다수의 해석과 개입의 절차를 거쳐 드러나는 주체를 인정하는 플라톤주의의 복권을 주장한다. 세기말적 현상으로 볼 수 있는 차이와 다원성이 근원이 된 세계관으로 볼 수 있는 들뢰즈의 사유는 세기말까지 어울리는 사유였다고 생각된다. 특히 세기말, 세기초의 신자유주의적 금융이 전세계를 빠른 속도로 옮겨가면서 많은 폐해를 일으키며 자본의 집적과 순환이 이루어질 수 있었던 것은 또 다른 측면에서 들뢰즈적인 세계관의 분기와 생성의 사유로 설명이 가능하다.
새로운 세기가 되고 2009년 서브프라임 모기지 사태가 발생한 이후, 세계는 무한정의 자본의 흐름에 적절한 제동을 걸어줄 필요성을 다양한 방면에서 대안적 움직임을 그것을 실행에 옮기고 있다. 또한 자본의 폐해극복을 위한 다각적인 담론이 제기되고 있다. 이것은 무조건적인 변화와 움직임, 생성이 중심이 되는 자유주의에 입각한 세력이 주가 되고 적절한 견제 및 제동장치가 없을 때 시장과 세계가 자정능력을 가질 수 있는가에 대해 강력한 의문을 제기하는 것에 그 초점이 맞추어져 있다고 볼 수 있다. 공적公的 주체를 배제하고 시장의 자유에 의지했을 때 나타나는 심각한 폐해를 2009년의 서브프라임 사태와 파생된 경제문제들을 통해 인류는 뼈저리게 경험하게 되었다. 자유로운 접속과 흐름과 움직임, 생성 등이 중시된 후기자본주의 사회의 세계관을 충실히 철학적으로 접목시켰던 들뢰즈의 사유가 그동안 활발하게 논의되었으나 이제 새로운 시대적 상황에 맞는 새로운 사유가 필요함을 인류는 경험하게 되었다. 정신계는 새로운 시대에 맞는 사유를 추구하고 있다. 바디우는 사건을 대하는 다수의 해석과 개입을 통해 주체가 생성되고 그 과정에서 충실성을 담보할 수 있다. 생성의 철학에서 외면하거나 논의의 대상에서 제외되었던 정치적 요소가 중시되는 바디우의 사유는 그만큼 사회적 파장이 되는 부분에 다수의 해석과 개입에 대한 주제를 중요시한다. 거부할 수 없는 진리, 즉, 평등과 분배의 문제를 다수의 해석과 개입을 통해 정치적으로 시장에 적절한 개입이 필요함이 시대적 정신이며 그것에 맞는 새로운 정치적 시스템을 만들어 나가야 함을 철학적으로 보여주고 있는 것으로 달리 생각할 수 있다.

8024 도시적 은유와 비형식적 패턴화와 형태형성은 어떠한 관계가 있는가?

'형식자체가 없음'이라는 뜻인 '무형식'과 '비형식'은 개념상 다른 의미이다. 그것은 들뢰즈가 언급한 의미와 무의미 그리고 비의미의 개념의 차이와 유사하다고 할 수 있다. 디자인 및 건축조형 관련 영역에서는 들뢰즈가 언급하는 비의미의 개념을 형태와 공간을 형성하기 쉬운 '비형식'의 개념을 도입하여 사유한 것으로 보아야 할 것이다.
세실 발몽이 천착하고 있는 이러한 '비형식'의 개념은 하부와 이면의 다양한 요소들에 내재해 있는 관계성을 찾는 작업이며, 그것은 비형식을 통해 창발되는 구조속에서 거시적으로 보았을 때 하나의 질서와 순환구조를 만들어 가는 과정이었음을 살펴보았다.

앞서 언급한 바와 같이 도시분야에 있어서 이러한 접점을 만들어내는 것이 포멀시티와 인포멀시티의 상향식과 하향식의 만남과 질서의 조화로 생각해 볼 수 있으며 건축분야에서 이러한 요소들을 실험한 것은 바로 구조주의시기의 팀 텐과 메타볼리즘의 구조주의적 도시제안의 방법론이다. 그것은 이른바 매트빌딩의 방법론으로 달리 지칭할 수도 있을 것이다. 들뢰즈가 생각하는 구조주의의 정의와 같이 정통적인 구조주의적 시각의 근본구조를 생각하여 적용하고 확산하려는 단순한 사유에서 더 나아가 이면의 다양성을 껴안고 그것을 포함시키고 드러내면서 기존 확장구조에 끼어들게 할 여지를 남겨놓거나 아예 다양성이 창발되듯이 조화를 이루며 큰 구조안에서 질서를 잡아가는 방법론이 주로 쓰였다.

경제적 성장과 물질적 풍요가 최고도에 이르렀고 낭만적 우주개발까지도 언급되고 활발하게 담론화되고 문화화되었던 1960년대, 건축도시 분야에서는 도시의 폭발적인 성장이 주요한 관심사 중 하나였다. 그러나 획일적이고 전체주의적인 방식의 반성과 함께 이러한 공식과 같은 확장을 수행함에 있어서 모더니즘방식을 지양하게 되었다. 대안으로 구조주의적 접근방식을 통해 인류공통의 근본구조에 어울리는 몇 가지 프로토타입을 추출하여 모듈화시키고 그것을 조합하면서 성장시켜 도시를 구성하는 방법론으로 사용하고자 했다. 이 시기에는 성장지향형의 방법론으로 매트빌딩이 사용되었다. 1960년대에는 구조주의적 관점에서 인류공통의 근본적 구조를 추출하여 단위모듈화시켜 변형하거나 조합하여 군집화시키는 가운데 적절하게 중간영역을 삽입하는 방법론과 확장하면서 수목의 가지구조나 프랙탈적인 방법론으로 확장되는 가운데 전체적인 하나의 거시적 구조를 만들어나가는 방법론을 통해 프랙탈의 개념이 구현되어왔다. 그러나 오늘날의 매트구조는 이러한 방법론이 기본이 되고 있지만 전체적으로 확장되는 가운데 거대한 하나의 단일건물의 내부성에 국한되어 자기완결성을 갖는 구조이거나 확장되면서 자연스럽게 기존 도시구조속으로 용해되는 방법론을 사용한다. 현대의 매트빌딩 방법론은 도시의 특성을 내부로 수렴하는 내재성을 실험하고 있다.

60년대 구조주의에 영향을 받은 매트빌딩 계열의 작품들이 유행하다가 급속도로 사그러들거나 실험에 그쳤던 이유는 기존 도시구조에 자연스럽게 스며들기에는 너무나 거대한 메가 스트럭처mega-structure였고 그것이 기존 구조와 적절하게 반응하거나 이면의 다양한 요소들을 껴안기에 부적절한 다소 획일적인 구조였기 때문일 것이다. 오히려 그보다는 소규모로 기존구조에 적절하게 섞일 수 있으면서 동시에 기존구조에 도움이 되는 공공영역을 충분히 제공하는 후기구조주의적 매트빌딩의 방법론이 더욱 대중의 평가가 좋은 이유이기도 하다.

8025 BIG의 방법론과 새로운 세기의 질서와 어떤 관계가 있는가?

들뢰즈의 사유와 담론은 후기산업시대의 다양성과 다원성에 입각한 다양한 니즈를 만족시킬 수 있는 상황을 설명할 수 있는 세계관과 철학이다. 효율적으로 빠른 니즈의 변화에 대응할 수 있도록 산업구조 역시 다양화되고 아웃소싱으로 조직의 유연성을 최대한 확보할 수 있게 된다. 이러한 변화는 능동적으로 빠른 변화에 효율적으로 대처할 수 있는 구조로 재구조화되는 것을 상징적으로 보여준다. 금융적 측면에서 보았을 때 들뢰즈의 담론은 좀 더 빠르게 자본의 순환과 집적을 가능하게 해주는 장소로 빠르게 자본이 집중되며 확장되고 가속화될 수 있는 현상을 설명가능하게 해준다. 들뢰즈의 담론은 이렇게 중앙집권적 흐름에 대립적인 대중의 상향식의 탈주적 흐름 변화를 설명하고 이해하는 데는 탁월하지만 물리적인 한계에 대한 개념은 포함하고 있지 못한 단점이 존재한다. 신자유주의적 속성에는 욕망(탐욕)의 발현과 가공할만한 속도로 집적되고 집중되는 자본의 속성을 통해 순환과 집적구조의 비정상적 증식을 가능하게 했지만 물리적 한계의 거품을 제어하고 적정수준으로 드라이브할 수 있는 방법에는 한계가 있었다. 미국경제로부터 촉발된 2009년 서브프라임 모기지 사태는 바로 이러한 인간의 탐욕에 근거한 자본의 무분별한 집중과 남용이 버블을 가져와 물리적 한계에 직면하여 일시에 거품이 붕괴된 사건이었다. 이 사태를 통해 인류는 무한정의 신자유주의의 속성에 적절한 규제를 통해 제어할 필요성을 각인 되었다. 이른바 시뮬라크르의 무한정한 발현보다는 새로운 플라톤주의와 같이 새로운 세기에 적합한 대중이 중심이 되는 새로운 질서와 구조의 발현을 설명할 수 있는 정신계의 흐름이 필요했던 것으로 보인다.

알랭 바디우의 사유는 들뢰즈와는 달리 수학적 집합구조를 가져와 대중의 요구와 니즈를 통해 기존의 질서와 지식구조를 파괴하고 새로운 구조(진리)를 만들어내고 새로운 진리체계를 만들어내는데 있다. 들뢰즈와는 달리 변화와 흐름가운데에도 변할 수 없는 진리가 발현되고 새로운 질서체계가 성립되면서 욕망을 적절하게 껴안을 수 있는 정치적, 경제적 구조체계의 필요성과 대중의 바람이 철학적으로 투사된 것으로 보아야 할 것이다.

알랭 바디우와 들뢰즈는 모두 후기구조주의적인 시각에서 사유를 펼쳐나가는 것은 공통점이라고 할 수 있으나 전술한 바가 가장 큰 차이점이라고 할 수 있다. 각자 생각과 개성이 다른 다양한 주체의 목소리와 흐름을 반영하여 새로운 정치 및 사회구조의 거시적 구조를 만들어나갈 수 있다고 생각하는 것이다.

건축공간과 관련된 사유로 되돌아와 BIG의 작품경향은 렘 콜하스의 사무실 출신답게 렘의 건축과 상당부분 유사한 방식으로 진행된다. 그러나 렘과 결정적으로 다른 부분은 바로 건축물로 야기되는 사건이 주체로 출현하며 '충실성'을 담보할 수 있게 한다는 점이다. 바디우는 플라톤의 이데아적인 불변의 진리요소가 기존의 지식체계를 뚫고 나오고 그것이 새로운 질서를 만들어 나가는 것에 주목한다. 그는 건축적으로 정치적 주제를 제시함으로써 사건을 촉발시키고 그것이 일반대중의 삶에 직접적인 방식으로 충실성을 담보할 수 있을 만큼의 거대한 건축이 되는 프로젝트(근대적 마스터플랜과 다른 마스터피스 추구)를 제시한다. 또한 대중들과 소통할 수 있는 플래시 애니메이션과 같은 사고의 전개과정을 사용하면서 외부조건을 최대한 끌어안으려는 시도를 보여주며 다양한 요소들이 각 관계를 통해 새로운 질서를 만들어나가는 과정을 끊임없이 시도하며 종합한다. 도시적인 스케일에서 그의 작품들은 차이를 수용하며 대중의 열망을 받아들이고 그것을 화학적 반응을 통해 변종으로 분기시키지만 그것 자체가 기존 도시구조에 새로운 구조와 질서를 만들어내는 하부구조가 되는 프로젝트를 선호한다. 또한 세부적인 시각에서는 카오스를 이루는 각각의 요소들이 하나의 큰 집합으로 이루어지면서 내재적 질서에 맞추어 도시의 새로운 인프라구조로 작용할 수 있는 공공성을 추구한다는 점에서 21세기형 신구조를 제시하는 흐름으로 생각할 수 있을 것이다.

8026 새로운 시대적 상황과 미디어환경에서 건축가의 새로운 직무와 가능성은?

앞서 살펴본 BIG의 건축 및 도시적 자세를 살펴보면서 다음의 질문이 떠오름을 인정할 수 있을 것이다. **새로운 시대적 질서와 미디어 환경에서 건축가는 새로운 직무와 가능성을 어떻게 가져가야 할 것인가?** 우선 건축가는 이미 정해진 사회구조를 어느정도는 변화시키고 모방하고 반영하는 직업이다. 그러나 무분별한 신자본주의적 질서에 순응하고 대변하는 에이전트의 역할만을 수행하다보면 지금까지 경험해왔던 공간과 자본의 질서에 폐해를 경험하게 될 것이다. 이처럼 건축가의 직무는 자본의 대리인이면서 동시에 적절하게 자본의 힘에 맞서야 하는 어려움과 항상 직면해 있다. 따라서 수용해야 하는 측면과 상당부분은 자본과 건축주의 의도에 의해 침해당할 수 있는 부분이 항상 존재한다. 자본에 의해 어쩔 수 없이 침해되는 부분과 일정부분 타협적으로 수용할 수밖에 없는 부분에 대해서 우리는 사유해야 하며 다국적인 자본의 대립적인 부담요소들에 대해 저항해야 할 것이다. 그러나 건축가가 한 사회의 정치적 지형과 조건을 변화시키고 새로운 구조를 근본적으로 창출할 수는 없을 것이다. 혹은 스스로가 그것을 위해서 건축을 행하는 사회유형을 만드는 것은 어찌보면 불가능한 일일 것이다. 이것에서 건축가의 전지전능하면서 무능함이 동시에 존재한다고 표현해야할 이유일 것이다. 도시의 경계와 건축의 한계 및 표현을 결정짓는 건축가는 BIG의 경우와 같이 일정부분 사회의 일원으로서 정치의 틀과 구조를 변화시키고 제안할 수 있는 작업을 통해 진리와 같이 기존의 지식체계를 뚫고 새로운 진리의 구조를 드러낼 수 있는 작업을 수행해야 할 것이다. 일정부분 정치인의 영역에 도전하여 구조 자체의 변화를 주도할 수도 있을 것이다. 또한 지식인 집단과 정부당국은 이러한 작업을 일정부분 수용할 수 있는 구조적 체계를 열어두어야 한다. 신자유주의적 질서에서는 가공할만한 속도와 힘으로 자본가의 규모와 힘에 건축가들을 복속시키도록 강요해왔다.
우리는 현재 집적의 시대가 아니라 분배와 소비의 시대에 살고 있다. 정보사회는 집적의 사회가 아니라 기본적으로 소비와 분배의 사회이며 현대 건축은 기본적인 기술적 변화를 단순히 재현하는 것보다는 구조적 것 자체에 대한 이해를 통해 구조를 변화시켜 나갈 수 있는 다양한 힘에 대해서 대응해야 할 것이다. 이 말은 사실, 생산양식의 변화와 소비양식의 변화가 되었다고 해서 단순히 건축가가 그러한 변화를 충실히 수행할 수 있도록 해주는 대리인의 역할에서 나아가 그것보다 더 나은 무언가를 제시하고 충족시켜줄 수 있어야 함을 암시한다. 그것은 물론, 건축주의 요구를 충족시켜주는 것일 수도 있지만, 나름의 저항적 감성을 품고 자본의 폐해에 해당되는 요소들을 적절하게 대응할 수 있는 무언가를 계속해서 추구하고 행동하여 제시해야할 의무도 있는 것이 사실이다. 그것이 우리가 철학을 공부하고 있는 이유이기도 할 것이다.

이제 8권의 담론을 정리해야 할 시간이다. 1권에서부터 다루어왔던 주제들과 같이 모더니티 속성의 발전과 더불어 상호작용을 통해 발전한 이성의 시기의 사유의 발전과 사회의 발전에는 모순과 폐해들이 존재했다. 인류는 거대한 흐름의 발전을 성취했지만 그만큼의 명암과 폐해를 경험했다. 그 이후의 현상학과 구조주의 포스트모더니즘의 사유는 모두가 그러한 모더니즘의 사유의 폐해를 극복하기 위한 직간접적인 투쟁과 대안의 사유였다. 다원적 차이를 존중하는 포스트모던 사유의 한 갈래로 후기구조주의의 사유는 구조주의로부터 발전하였으며 인간의 이성외의 요소들 특히 심리적 요소와 심층적 구조에 대해서 집중하였으며 소외되고 무시되고 억압된 것이 자연스럽게 발현되고 기존구조에 흡수되거나 화해를 할 수 있거나 그렇지 않으면 전복시켜 새로운 구조를 만들어낼 수 있는 사유에 집중했다. 그것은 권위주의적인 정치 및 사회구조를 극복하고 대중의 니즈에 근간을 둔 새로운 사회질서를 만들어나가고자 하는 열망이 투사된 사유의 흐름을 만들어낸 것이었다. 경제적인 측면에서는 다양성의 니즈에 빠르게 대처할 수 있는 유연한 조직구조(경계해체)와 노동구조로 재구조화되면서 효율성과 외부변수에 대처할 수 있는 능력을 발전시키는 측면 하나와 빠른 자본의 집적을 위해 자본집적이 용이한 유망한 지역에 일거에 자본이 집중되어 빠른시긴에 외형을 갖추고 자본의 집적 임무가 수행되었을 때 빠르게 다른 곳으로 이동할 수 있는 신자유주의적 질서속의 행태를 의미하기도 한다. 다른 한편으로는 소규모공동체의 자발적이고 민주적인 출자방식으로 소규모공동체의 이익에 순환될 수 있는 작은 순환구조를 중시하는 움직임을 보여주기도 한다. 후기산업사회의 양측 진영의 사유를 동시에 상징하는 들뢰즈의 사유는 변화와 순환 가속화를 정확하게 반영하는 사유이기는 하나 그것이 만들어내는 속도의 폐해까지는 사유가 미치지 못한 단점이 존재한다고 본다. 같은 시기의 알랭 바디우의 사유는 물리적 한계가 있는 상황이후 더욱 주목받고 있다. 변화와 움직임 흐름을 사유하는 들뢰즈의 사유에 근거하고 있지만 그의 사유는 이면에 존재하는 변화속에서 여전히 존재하는 진리의 출현과 새로운 진리구조의 생성에 주목하고 있으며 그 진리구조는 일반 대중의 니즈로부터 떠오르는 것으로 가정하여 좀 더 민주적인 절차에 의한 새로운 구조에 대해서 사유한다. 들뢰즈가 그렇게 전복시키고자 했던 불변의 형이상학적 구조를 다시 부활시키고자 하는 것이다.

건축도시분야에서 후기구조주의와 카오스 프랙탈의 철학적 사유는 이성적, 논리적 하향식의 공간 및 표현방법론과는 달리, 미시적 시점의 다양성을 수용하면서 내재해 있는 질서를 자연스럽게 연계시켜 거시적 시점에서 유연한 네트워크 순환구조로 안정화시키는데 그 중요성이 있다. 세실 발몽의 비형식적 패턴화에 대한 구조적 실험과 실무작업은 이러한 논의에 대한 구체적 실증적 작업이다. 이것은 도시분야에서의 네트워크 도시론과 건축분야의 매트빌딩의 도시적 은유로부터 파생되는 실험과 일맥상통한다.

건축분야에서는 조닝으로 대표되는 하향식의 일점투시적 통제구조에서 벗어나 다중심의 상향식 요소들의 조화와 내부질서가 전체적인 순환의 안정화된 구조로 발전해나가는 형태를 중시하는 건축적 흐름으로 나타나고 있다. 특히, 새로운 건축가 상으로서 기존의 니즈에 반응하는 위계적 관계에서 벗어나 사회적 사건을 촉발시키고 그것을 기반으로 일반대중의 삶에 깊숙이 영향을 미칠 수 있는 정치적 마스터피스를 통해 토론을 야기시키고 그것이 사회의 또 다른 인프라가 되는 충실성을 담보할 수 있는 정치적 작업을 스스로 수행하는 아방가르드적 특성이 나타나고 있다. 이를 통해 충실성을 담보하며 기존의 지식구조를 파괴하고 드러나는 진리체계에 집중할 수 있는 새로운 건축가상이 나타나고 있다. 방법론의 차이가 있을 수는 있으나 현재까지 살펴본 건축적 흐름은 모두가 후기구조주의적 방향성을 지닌 건축적 흐름으로서 욕망이 자유롭게 발현되면서 기존의 구조와 화해하고 조화를 이루며 안정화될 수 있는 방법론으로서 계속적으로 사유해나가야 할 주제이다.

찾아보기

ㅎ

그림출처

그림출처 (8권)

· Cecil Balmond, Element, Prestel, 2007, p.10, 35, 125, 139

· Cecil Balmond, 비형식을 향한 선언, Spacetime, 2008, p. 76, 78, 114, 122, 142, 197, 353

· DAMDI, Activity Diagram, DAMDI, 2008, p.220, 225

· Rem Koolhaas, AMO, Project Japan, Tashen, 2009, p.285

· MVRDV, Far Max, 010publisher, 1998, p.511

· BIG, Yes is More, Evergreen, 2009, p.28, 161, 209, 290, 298, 301

참고문헌

국내 단행본

1. 건축 부문

김원갑, 건축과 시간속의 운동
시공문화사, 2009

김승환, 프랙탈, 공간, 1993

남영우, 도시공간구조론, 법문사, 2007

라즐로 바라바시, 링크, 강병남, 김기훈 역
동아시아, 2002

라파엘 모네오, 건축적 고뇌와 디자인 전략
임기택 역, spacetime, 2006

리차드 코인, 건축가를 위한 데리다
임기택 역, spacetime, 2013

마이클 헤이편, 1968년 이후의 건축이론
봉일범 역, spacetime, 2003

버난트 클라센, 서양건축사, 심우갑 역
대우출판사, 1997

브루노 제비, 공간으로서의 건축, 강혁 역
집문사, 1989

비야케 잉겔스 그룹, YES IS MORE:
건축 진화에 관한 코믹북, 아키라이프, 2013

세실 발몬드, 넘버 나인: 누구나 아는 숫자,
아무도 모르는 9, 오혜정 역, 이지북, 2010

스기우라 고헤이, 형태의 탄생, 그림으로 본
우주론, 송태욱역, 2001

양동근, 현대건축론, 기문당, 1995

앤드류 무어, 건축의 컬러
임기택 역, spacetime, 2009

이진경, 근대적 시공간의 탄생
문학과학사, 1997

이진경, 근대적 주거공간의 탄생
소명출판, 2000

임기택 외, 건축공간론, 공저, 기문당, 2010

장윤규, 복합체, compound body
spacetime, 2005

제니퍼 블루머, 건축과 텍스트: 조이스와
피라네지의 각본, 임기택 역, spacetlme, 2006

최윤경, 사회와 건축공간, Spacetime, 2003

케이트 네스빗, 건축이론1, 2, 3, 최학종 역,
spacetime, 2005

쿠마 켄고, 약한건축, 임태희역
designhouse, 2009

쿠마 켄고, 자유로운 건축, 임태희역,
designhouse, 2012

토마스 마르쿠스, 권력과 건축공간
유우상 외 역, spacetime, 2006

편집부, ANYWAY, 서울: CA press, 1997

편집부, ANYWHERE, 서울: CA press, 1997

편집부, ANYPLACE, 서울: CA press, 1999

Ton Verstegen, 건축의 향성과 흐름, 은유적
활성화와 건축, 김원갑 역, spacetime, 2005

William J. R. Curtis, 1900년 이후의
근대건축, 강병근 역, 화영사, 1993

保坂陽一郎, 경계의 형태 그 건축적 구조
이진민 역, 한국산업훈련연구소, 1999

후지모토 소우, 건축이 태어나는 순간
정영희 역, design house, 2012

Antoniades, Anthony, Poetics of Architecture:
Theory of Design, 김경준 譯, 건축시학,
국제, 1994

Architecture, 이종건 譯, 차이들: 현대건축의
지형들, spacetime, 2004

A.Smithson, 이경찬 역, 현대 도시 건축의
언어, 태림문화사

Cecil Balmond, 건축의 비형식을 향한 선언
홍인표, 유승호 공역, spacetime, 2008

Forty, Adrian, Words and Buildings
이종인 역, 건축을 말한다, 미메시스, 2009

Hiroyuki, Suzuki, 現代建築の見, 우동주 외 2
인 역, 현대건축을 보는 12가지 눈, 이집, 1999

Markus, Thomas, Buildings and Power
유우상 외 9인 역, 권력과 건축공간,
spacetime, 2006

Michelis, Panayotis, Architecture as an Art
김진현 역, 건축미학, 까치글방, 2002

Pērē-Christin, Evelyne, Le Mur:
Un Itineraire Architectural, 김진화 역,
벽: 건축으로의 여행, 눌와, 2005

Smithon Alison, 이경찬 역, 팀 X 프라이머
현대 도시 건축의 언어, 태림문화사, 1994

Sola-Morales, Ignasi, Place: Permanence or Production, in Differences: Topographies of Contemporary

Yuuji, Agemátsu, Esthetics of Architecture Space, 이두열 역, 건축공간의 미학, CA Press, 2000

2. 도시 부문

에드워드 소자, 공간과 비판사회이론
이무용 외 역, 시각과 언어, 1997

이규목, 도시와 상징, 일지사, 1988

존 레니에 쇼트, 문화와 권력으로 본 도시탐구, 이현욱 외 역, 한울아카데미, 2001

팀 홀, 현대도시의 변화와 정책
유한종 외 역, 푸른길, 1999

Debord, G., 스펙타클의 사회
이경숙 역, 현실문화 연구, 1996

Luchinger, Arnulf, 구조주의 건축과 도시계획, 최종현 이기민역, 세진사, 1989

3. 철학 부문

고호상, 하버마스의 현대성 주장과 보편적 합리성 문제, 한국학술정보, 2006

다리안 리더, 라캉, 김영사, 1995

레비 스트로스, 슬픈열대
박옥줄 역, 삼성출판사, 1988

로날드 칠코트, 포스트맑스주의
이경숙 전효관 역, 민맥, 1992

미셸 푸코, 광기의 역사
김부용 역, 인간사랑, 1991

미쉘 푸코. 니체, 계보학, 역사
이광래 역, 민음사, 1990

미쉘 푸코, 지식의 고고학
이정우 역, 민음사, 1992

알랭 바디우, 들뢰즈, 존재의 함성
박정태 역, 이학사, 2001

알랭 바디우, 라캉, 끝나지 않은 혁명
현성환 역, 문학동네, 2013

알랭 바디우, 베케트에 대하여
서용순,임수현 공역, 민음사, 2013

알랭 바디우, 비미학, 장태순 역, 이학사, 2010

알랭 바디우, 사도 바울: '제국'에 맞서는 보편주의 윤리를 찾아서, 현성환 역, 새물결, 2008

알랭 바디우, 사유의 윤리: 현대 프랑스 철학에 대한 헌사, 이은정 역, 길, 2013

알랭 바디우, 세기, 박정태 역, 이학사, 2014

알랭 바디우, 존재와 사건, 조형준 역, 새물결, 2013

알랭 바디우, 투사를 위한 철학: 정치와 철학의 관계, 서용순 역, 오월의봄, 2013

알랭 바디우, 슬라보예 지젝, 바이우와 지젝 현재의 철학을 말하다
민승기역, 도서출판 길, 2013

윤평중, 푸코와 하버마스를 넘어서
교보문고, 1990

에리히 얀치, 자기조직하는 우주
범양사, 1989

이정우, 접힘과 펼쳐짐, 거름, 2001

이정우, 개념-뿌리들 1,2, 철학아카데미, 2004

이진경, 노마디즘, Humanist, 2003

이진경, 근대적 시, 공간의 탄생
푸른숲, 1997

이진경, 근대적 시선의 체제와 주체화
(근대성의 경계를 찾아서), 새길, 2002

이진경, 철학과 굴뚝 청소부, 새길, 1994

스피노자, 에티카, 강영계 역, 서광사, 2007

스피노자, 정치론, 황태연 역, 비홍, 2013

슬라보예 지젝, 신체 없는 기관 : 들뢰즈와
결과들, 김지훈,박제철,이성민 공역,
도서출판비, 2006

자크 데리다, 그라마톨로지
김성도 역, 민음사, 1996

장시기, 노자와 들뢰즈의 노마돌로지
당대, 2005

장 프랑소아 료타르, 포스트모던적 조건
이현복 역, 서광사, 1992

정기철, 상징, 은유 그리고 이야기
문예출판사, 2002

조성훈, 들뢰즈의 씨네마톨로지
갈무리, 2012

조성훈, 들뢰즈의 잠재론 : 소멸과 창조의
형이상학, 갈무리, 2010

조르쥬 바타이유, 에로티즘
조한경 역, 민음사, 1989

질 들뢰즈, 펠릭스 가타리 저, 천개의 고원
김재인 역, 새물결, 2001

질 들뢰즈, 니체 철학의 주사위, 신범순
조용복 역, 인간사랑, 1993

질 들뢰즈, 주름 : 라이프니츠와 바로크
이찬웅 역, 문학과지성사, 2004

질 들뢰즈, 감각의 논리
하태환 역, 민음사, 2008

질 들뢰즈, 니체와 철학
이경신 역, 민음사,2001

질 들뢰즈, 들뢰즈의 니체
박찬국 역, 철학과현실사, 2007

질 들뢰즈, 베르그송주의
김재인 역, 문학과지성사, 1996

질 들뢰즈, 시네마 1: 운동-이미지
유진상 역, 시각과언어, 2002

질 들뢰즈, 스피노자의 철학
박기순 역, 민음사, 2001

질 들뢰즈, 의미의 논리, 한길사, 1999

질 들뢰즈, 푸코
권영숙, 조형근 공역, 새길, 2012

질 들뢰즈, 칸트의 비판철학
서동욱 역, 민음사, 2006

철학 아카데미, 처음읽는 프랑스 현대철학
동녘, 2013

최진석, 생각하는 힘, 노자 인문학:
EBS인문학 특강, 위즈덤하우스, 2015

최진석, 인간이 그리는 무늬, 소나무, 2013

프레드릭 제임슨. 포스트모더니즘–
후기자본주의 문화논리
정정호 편, 문화과학사, 1989

프리드리히 니체, 도덕에의 계부, 청하, 1988

프리드리히 니체, 권력에의 의지, 청하, 1988

프리드리히 니체, 비극의 탄생
김남우 역, 열린책들, 2014

프리드리히 니체, 선악의 저편, 도덕의 계보
김정현 역, 책세상, 2002

프리드리히 니체, 인간적인 너무나 인간적인
강두식, 동서문화사, 2007

프리드리히 니체, 차라투스트라는 이렇게
말했다, 장희창 역, 민음사, 2004

프리초프 카프라, 생명의 그물, 범양사, 1998

테렌스 호옥스, 구조주의와 기호학
오원교 역, 신아사, 1982

클라우스 에메케, 기계속의 생명
이세이북스, 2004

할 포스터, 반미학, 윤호병 역,
현대미학사, 1993

Andrew Ballantyne, 건축과 철학
들뢰즈와 가타리, 장정제,송규만 공역,
시공문화사, 2010

Bachelard, Gaston, La Poetique de l'espace,
곽광수 譯, 공간의 시학, 민음사, 1990

Caliniscu, M, 모더니티의 다섯 얼굴
이영철 외 역, 시각과 언어, 1994

James Gleick, 카오스, 박배식역, 누림, 2006

Terence Hawkes, 구조주의와 기호학
오원교 역, 신아사, 1993

4. 예술 부문

강내희, 공간, 육체, 권력, 문화과학사, 1995,

로버트 C. 훌럽, 수용미학의 이론
최상규 역, 예림기획, 1999

아놀드 하우저, 문학과 예술의 사회사
백낙청 역, 창작과 비평사, 1974

Graham, Gordon, Philosophy of Arts
이용대 譯, 예술철학, 이론과 실천, 1999

Read, Herbert, The Meaning of Art
박용숙 譯, 예술의 의미, 문예출판사, 2004

5. 사회학, 경제학 및 기타 부문

고영삼, 전자감시사회와 프라이버시
한울아카데미, 1998

기 소르망, Made in USA, 민유기 외 역,
문학세계사, 2004

마셜 맥루한, 미디어의 이해, 삼성출판사

막스 베버, 프로테스탄트 윤리와 자본주의
정신, 박성수 역, 문예출판사, 1988

막스 베버, 사회경제사
조기성 역, 삼성출판사, 1988

이영희, 포드주의와 포스트포드주의
한울, 1994

지그프리드 기디온, 기계문화의 발달사
이건호 역, 유림문화사, 1994

칼 맑스, 자본론 1, 2, 3권, 김영민 역
이론과 실천, 1987

Aries.P, 성과 사랑의 역사
김광현 역, 황금가지, 1996

외국단행본

Agustín Pérez Rubio, Houses: Kazuyo Sejima + Ryue Nishizawa, SANAA, Actar, 2007

Agger, Ben, Cultural Studies as Critical Theory, London: Falmer Press, 1992

Alison Smithson, Team 10 primer
MIT press, 1968

Arnulf Lüchinger, Structuralisme en architecture et urbanisme
Eyrolles Editeur, 1980

Avermaete Tom, Another Modern
Nai Publisher, 2005

Balmond, Cecil, Element, Prestel, 2007

Balmond, Cecil, No 9, The Search for the Sigma Code, Prestel 1998

Balmond, Cecil, Informal, the informal in architecture and engineering , Prestel 2002

Barry Maitland, Retail Mall, New York, 1990

Baudrillard Jean, For a Critique of the Political Economy of the Sign, St. Louis: Telos Press, 1981

Barabasi.L, Linked. A new science of Networks, Perseus Publishing Cambridge Massachusettes, 2002

Batten David.F, Network Cities: Creative Urban Agglomerations for the 21st Century, Urban Studies 32(2), 1995

Benjamin.W, The arcades project. Ed. Rolf Tiedemann, trans. Howard Eiland and Kevin McLaughlin. Cambridge, MA: Harvard University Press, 1999

Bernstein, Richard, Jurgen Habermas and Modernity, Cambridge: Polity Press, 1985

Best, Steven & Douglas Kellner, Postmodern Theory, London: MacMillan, 1991

Bertolini L., Nodes and places: complexities of railway station redevelopment, 1996

Bertolini L., Mobility environments and network cities, Journal of urban design, vol 8, No.1, 1996

Bjarke Ingels, Yes Is More: An Archicomic on Architectural Evolution, Evergreen, 2009

Cecil Balmond, crossover, Prestel Pub, 2013

Chizuko Ueno, "Urbanism and the Transformation of Sexuality-Edo to Tokyo", Columbia Documents of Architecture and Theory, Vol.5, Columbia University, 1996

Calhoun, Craig, Introduction: Habermas and the Public Sphere," Habermas and the Public Sphere, Cambridge: MIT Press, 1992

Cohen, Jean & Andrew Arato, Civil Society and Political Theory, Boston: MIT Press, 1992

Cohen, L. A consumers' republic: The politics of mass consumption in postwar America. New York: Knopf, 2003

David Grahame Shane, Recombinant Urbanism, Wiley, 2005

Dominique Rouillard, Superarchitecture: le futur de l'architecture 1950-1970, Edition de la villette, Paris, 2004

Edward R. Ford, The Details of Modern Architecture, MIT Press, 1989

ELcroquis Editorial, Sanaa, 1983-2004, ELcroquis, 2007

Electra Mikelides, Valentina Sabateli and Delphine Ammann, Animation in Architecture, London, 2002

Fishman, Robert, In Urban Utopias in the Twentieth Century, The Mit Press, 1977

Greg Lynn, Animated Form, New York: Princeton Architectural Press, 1999

Hardwick, .Mall maker: Victor Gruen, architect of an American dream. Philadelphia: University of Pennsylvania Press, 2004

Hashim Sarkis, Le Corbusier's Venice Hospital, Prestel, 2001

Ibleings Hans, Supermodernism Architecture in the Age of Globalization Nai Publication, 1998

Isenstadt, S. Richard Neutra and the psychology of architectural consumption. In Anxious modernisms: Experimentation in postwar architectural culture, 2000

Jacques Lucan, On en veut à la composition (2), Matières n°6, 2003

Jencks, Charles, The Language of Post Modern Architecture, Rizzoli, 1977

Jürgen Joedicke, Candilis-Josic-Wood: une décennie d'architecture et d'urbanisme, Eyrolles Editeur, 1968

Kővecses, Zoltán, Metaphor, A Practical Introduction, Oxford University Press, 2002

Leonardo Benevolo, The History of the City, MIT, 1975

Maia Engeli(ed.), Bits and Spaces: CAAD for Physical, Virtual and Hybrid Architecture at ETH Zurich, Basel: Birkhauser Architectural Press, 2001

Manfredo Tafuri, The Sphere and the Labyrinth translated by Pellegrino d'Acierno and Robert Connolly, MIT, 1987

Manfredo Tafuri, Theories and History of Architecture, New York, 1978

Martin van Schaik & Otakar, Exit Utopia: arhitectural provocation 1956-76, Prestel, 2005

MVRDV, FARMAX, 010 Pubilishers, 1998

MVRDV, MEGACITY / DATATOWN 010 Publishers

Noberg-Schulz, C., Baroque Architecture Rizzoli International Publication, 1971

Ven Van Berkle, Love it. Live it_UN Studio, DAMDI, 2004

Norman Johnston, Forms of Constraints University of Illinois Press, 2000

Reyner Banham, Megastructure: urban futures of the recent past, Thames and Hudson, 1976

Roncero, Rafael, Houses: Sanaa, Musac, 2007

Rem Koolhaas and Bruce Mau, S,M,L,XL New York Press, 1995

Rem Koolhaas, Mutation, Actar, 2002

Rem Koolhaas, Project on the City Taschen, 2003

Rem Koolhaas and Bruce Mau, Delirious New York, New York: The Monacelli Press, 1994

Remon M Rooij, The Mobile City-The Planning and design of the Network City from a miboile point of view, TRAIL Research School, 2005

Rob Shields, Lifestyle Shopping-the Subject of Consumption, London and New York, 1992

Rob Shields, Places on the Margin London and New York, 1991

S.Allen, The Thick 2-D: Mat-building in the Contemporary City

Sarkis Hashim, Le Corbusier Venice Hospital (Case Series), Prestel Publishing, 2002

Shadrach Woods, Candilis Josic Woods Building for people, Frederick A. Praeger, 1968

Smithson Alison Ed, Team 10 Primer Whitfrias Press, 1968

Smithson Peter and Alison, The charged void The Monacelli Press, 2005

Stefano Bianca, Urban Form in the Arab World past and present, Thames & Hudson, 2000

Team 10 in search of a Utopia of the present, NAI, 2005

Thomas McCarthy, The Critical Theory of Jrgen Habermas, Cambridge: MIT Press, 1978

UIA Barcelona 96(ed.),
Present and Futures: Architecture in Cities, Barcelona: ACTAR, 1996

Various Author, Free University Berlin Candilis, Josic, Woods, Shiedhelm, Architectural Association and the Authors, 1999

Various Authors, Team 10 1953-1981, Nai Publishing, 2006

William J. Mitchell, City of Bits: Space, Place and the Infobahn, Cambridge: MIT Press, 1999

William J. Mitchell,e-Topia, Cambridge: MIT Press, 1999.

山口勝弘, 環境藝術家, Kiesler, 美術出版社, 1968

西沢立衛, 西沢立衛西沢立衛建築設計事務所スタディ集, INAX,2009

岸本幸臣, 鈴木晃, 講座現代居住: 家族と住居, 東京大學出版, 1996

山本理顕, 新編住居論, 平凡社, 2004

建築文化, 1992년 10월호

妹島和世讀本1998, GA, 1998.

妹島和世＋西澤立衛讀本2005, GA, 2005.

新建築1991.06～2009.05

국내 학위논문

이영수, 건축구성형식의 변화와 특성에 관한 연구, 홍익대 박론, 1992

박항섭, 한국 현대건축의 양태와 표현특성에 관한 연구, 홍익대 박론, 1997

김상돈, 디지털 건축의 구성적 특징 및 적용방식에 관한 연구, 영남대 석논, 2001

김상원, 디지털화된 건축디자인의 표현적 특성에 관한 연구, 한양대 석논, 2002

김수경, 프랙탈 기하학을 이용한 건축형태 생성방법에 관한 연구
한양대학교 대학원 석논, 2000

김원갑, 현대건축디자인에 미친 아방가르드 이론과 과학패러다임의 영향에 관한 연구
홍익대, 박논, 1991

김현아, 건축 디자인 매체로서의 다이어그램에 관한 연구, 서울대 석논, 2001

류무열, 디지털 건축의 시간 기반 프로세스에 관한 연구, 서울대 석논, 2002

박정대, 현대건축에 나타난 비선형 현상에 관한 연구, 서울대 석논, 1997

이철재, 디지털리즘의 인식론적 공간구성 해석, 이철재, 홍익대 박론, 2003

장성상, 매듭의 건축적 변용을 통한 커뮤니케이션 센터 계획안: 건축의 은유적인 방법의 적용을 통하여, 경기대 석논, 2001

장정제, 건축언어에 의한 의미구조와 가치구조에 관한 연구, 홍익대 박론, 2005

최교식, 현대건축의 프로그램 해석에 관한 연구, 서울대 석논, 2001

허재승, 디지털 건축에서의 공간 디자인적 특성, 단국대 석논, 2002

학회 논문

강정구, 김은희, 정진원, 엔터테인먼트요소 구분을 통한 도심 엔터테인먼트상업시설의 공간구성에 관한 기초연구, 건축학회지 22권 10호(통권216호), 2006

강훈, 이동언, 그렉 린의 디지털 형태 생성기법 한계와 극복에 관한 연구 대한건축학회논문집, 20권, 2004년 11월

권오혁, 네트워크도시의 연계구조와 발전전략-네덜란드 란트스타트를 중심으로 공간과 사회 24, 2005

권오혁, 네트워크도시의 이론적검토와 동남권에의 적용 가능서에 관한 연구 한국경제지리학회지 12권 제 3호, 2009

권경민, 렘 쿨하스와 카즈요 세지마 건축에서 나타나는 프로그램의 조직과 공간구성 방법에 관한 연구, 건국대학교 건축전문대학원 실내건축설계전공 석사논문, 2008.

김남형 외, Team X의 건축적 특성에 관한 연구, 대한건축학회논문집, 1998

김정미, 비선형 패러다임과 디지털 건축 건축학회지 제 45권 9호 (통권 268호)

김성홍, 건축설계와 비평에서의 은유 대한건축학회논문집, 제 11권 23호 (통권 86호), 1995

김세영, 현대 공간디자인의 다이어그램에 관한 연구, 국민대학교 테크노디자인대학원 스페이스 건축학과 석사논문, 2006.

김태용, 현대 건축에 나타나는 "Sitescape"에 관한 연구, 국민대학교 건축대학 대학원 건축계획전공 석사논문, 2006.

남지현, 이상학, 심우갑, 팀텐에 나타나는 입체적 메가스트럭춰의 가변성과 이동성에 대한 연구, 대한건축학회논문집, 2010년 5월호

서정일, 임리사, SANAA의 건축에서 '분위기'의 개념과 구현방식, 대한건축학회논문집 계획계, 26권 10호, 2010

신은기, 김광현, 가정생활의 관점에서 본 근대 수거공산의 특징에 관한 연구 대한건축학회논문집 계획계, 26권 8호, 2010

오덕성 외, 영국 쉐필드시 도심재생계획의 특징에 관한 연구, 대한건축학회논문집, 19권 9호, (통권 179호), 2003

오덕성 외, 해외도심재생의 계획적 특성 분석 대한건축학회논문집, 19권 11호 (통권 181호), 2003

이경선, 메트릭 도구를 이용한 파사드 디자인 유형에 관한 연구, 대한건축학회논문집, v.29 n.7, 2013

이경훈, 윤용배, 프랙탈 기하학 이론의 건축적 적용에 관한 연구, 대한건축학회논문집, 22권 2006년 11월

이명식, 건축디자인에서 프랙탈 기하학의 적용에 관한 연구, 대한건축학회논문집, 25권, 2009년 5월

이상학, Candilis-Josic-Woods의 '건축-도시' 관계 연구, 서울대학교 석론

이종호 외, 집적과 클러스터: 개념과 유형 그리고 관련 이론에 대한 비판적 검토 한국경제지리학회지 11권 제 3호, 2008

이철우 외, 지역혁신체제에 있어 지역개발기구의 역할 한국경제지리학회지, 제 6권 1호, 2003

장동섭 외, 외국(고속) 철도역세권 개발사례의 비교분석을 통한 계획적 의미에 관한 연구 건축학회논문집, 12권 11호, (통권 97호), 1996

장정제, 현대 랜드스케이프 아키텍쳐의 디자인 전략에 관한 연구 대한건축학회논문집, v.28 n.12, 2012

장용순, 렘 콜하스와 60, 70년대 아방가르드와의 연관성에 대한 연구, 대한건축학회논문집, 28권, 2012년 8월

장용순, 소우 후지모토 건축의 프랙탈적 특성에 대한 연구 대한건축학회논문집 계획계 : v.30 n.2, 2014

장용순, 현대 건축에 나타난 생기론적 특성에 대한 연구 대한건축학회논문집, 28권, 2012년 7월

장용순, OMA, MVRDV, SANAA에 나타난 매트-빌딩의 영향에 대한 연구 대한건축학회논문집, 2011

정철희, 포스트맑스주의와 한국사회연구 후기사회학내회 발표논분, 1996

최정석, 건축 표면이 형성하는 장소성에 대한 연구, 서울대학교 대학원 건축학과 석사논문, 2005.

한서영, 팀 텐의 매트 빌딩의 조직, 개념, 한계에 관한 연구, 대한건축학회논문집, 30권, 2014년 2월

황영미, 이명식, 건축디자인 해석에 있어서 프랙탈 기하학의 적용에 관한 연구, 건축학회 학술발표논문집 2005년 10월

현대철학과 건축이론 시리즈8
Philosophy and Architecture Series

후기구조주의와 건축이론

1판 1쇄 2016년 1월 20일

저자. 임기택(ktarchitect@pknu.ac.kr)

발행인. 김기현
발행처. 시공문화사(Spacetime)
디자인. 이문형

등록. 1993년 3월 12일
주소. 서울시 서대문구 독립문공원길13 극동프라자 5층(03733)
전화. 02)3147-1212, 2323
전송. 02)3147-2626

www.spacetime.co.kr / spacetime@korea.com
ISBN 978-89-5592-343-8 93540